KB004967

행복한 신혼 레시피

셔니 식탁

#신혼밥상 #집밥 #온더테이블 #홈쿡

셔니식탁 지음

PROLOGUE

SNS에서는 신혼이라는 해시태그에 몇 백만 이상의 사진과 글들이 검색됩니다. 아마도 인생에서 가장 설레고 행복한 순간들을 기억하고 싶기 때문이겠지요. 저는 사람들이 밖에서 먹는 음식들을 기획하고 만들어내는 마케터였습니다. 먹는 것이 곧 일이었던 제가 결혼을 하고난 후 이제는 밖이 아닌 우리 가족의 식탁 또한 책임져야 하는 주부가 되었습니다.

그렇게 시작된 셔니식탁은 행복한 신혼생활의 큰 이유가 되었습니다. 특별한 일이 없는 평범한 일상의 날들도 따뜻한 집밥을 나누는 것만으로 기쁨의 순간들이 되었습니다. 지치고 피곤한 날, 마주앉은 식탁 위에는 음식과 함께 위로가 있었습니다. 저희에게는 음식이 그 어느 날의 기억이고 추억이 되었습니다.

개인적으로 이 책을 쓰는 기간 동안 남편은 회사를 잠시 그만두고 대학원을 다니는 중이었고, 저 또한 이직은 물론 새로운 일들을 시도하는 녹록지 않은 시간이었습니다. 서로가 마음이 어려운 때에 저희에게 밥을 먹는 시간은 아마도 배를 불리는 시간 그 이상이었던 것 같습니다.

제가 그랬듯이 이 책을 보시는 모든 분들이 집밥이 주는 위로와 행복을 누릴 수 있기를 바랍니다. 많은 시간과 노력을 들이지 않더라도, 꼭 레시피대로 하지 않더라도, 때로는 조리된 음식을 데우기만 할지라도 함께 밥을 먹는 시간은 분명 어떤 힘이 있다고 믿거든요.

수많은 우여곡절과 여러 가지 한계 속에서도 결국 이 책을 통해 저를 또 한 번 성장 시켜주신 하나님께 감사드립니다. 예쁜 사진을 위해 길거리 페인트칠은 물론, 강남 한복판에서 나무판들을 옮겨주면서도 늘 저의 행복이 자신의 기쁨이라고 말하는 한결같은 남편과 저를 가장 사랑해주시는 엄마, 아빠 그리고 늘 힘이 되어주는 가족들, 저를 응원해주는 소중한 친구들, 자주 만나지 못해도 마음으로 항상 기억하고 기도해주는 많은 지인분들께 감사와 축복의 마음을 전합니다.

셔니

차 례

굿모닝, 우리의 브런치

소소한 행복, 마주 앉은 저녁

함께여서 행복한 주말

오래도록 같이…

재료 보관

냉동 보관

신선한 채소와 과일은 바로바로 섭취하는 것이 가장 좋은 방법이지만, 직장인 주부, 바쁜 새댁, 신혼 부부, 1인 가구 등에게는 냉동하여 보관하는 것이 시간 절약은 물론 남은 재료들을 버리지 않아 더욱 경제적일 때가 있어요. 넉넉하게 구매한 제철 재료들을 냉동시켜 두면 알뜰하게 재료들을 사용하는 팁이 될 거예요! 외부 공기와 습기를 차단하는 유리, 냉동용 팩, 냉동용 플라스틱 등의 밀폐 용기를 사용하는 것은 필수!

과일류

바나나, 아보카도, 베리류, 복숭아, 파인애플, 키위, 포도 등은 적당한 크기로 잘라 냉동 보관해 주세요! 그때그때 편리하게 스무디, 잼 등에 사용할 수 있어 아침 식사, 브런치 등 식탁이 더욱 풍성해집니다.

* 한 번에 원하는 스무디로 갈 수 있도록 2인분씩 재료들을 혼합해서 얼리는 것도 좋아요!
* 바나나처럼 많은 양을 용기에 얼릴 때는 층과 층 사이에 종이 포일을 사용해 주세요. 꺼낼 때 더욱 편리하답니다.

채소류

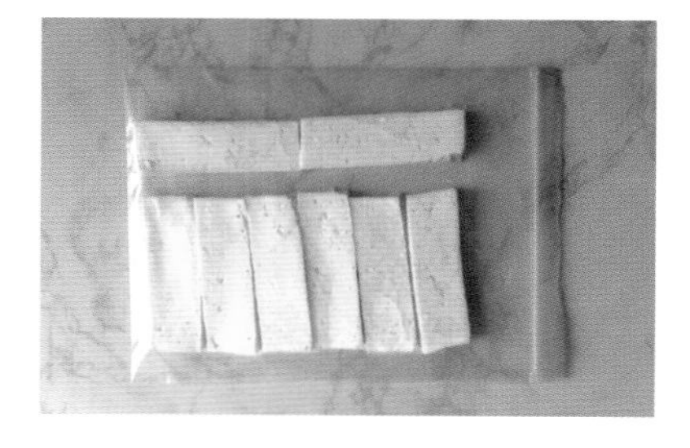

얼린 채소는 꺼내서 재냉동하는 것을 지양해 주세요. 브로콜리, 연근, 옥수수 등은 살짝 익혀서 냉동시키고, 감자, 당근, 호박 등은 볶음밥 용도로 손질해 두면 한 끼 식사 해결에 편리해요! 1+1으로 구입한 두부도 상하게 두지 말고, 냉동실에 얼려둔 후 해동해서 사용하면 단백질 함량도 높아지고 독특한 식감도 느낄 수 있어요!

즙류

레몬, 라임, 오렌지, 귤, 배, 케일, 생강 등은 즙을 내어 아이스 트레이에 얼려서 사용하세요. 필요할 때마다 꺼내어 양념, 스무디, 소스 등에 사용하면 요리 시간도 절약되고 편리해요!

냉장 및 실온 보관

다음은 자주 먹는 채소들을 보관하는 방법이에요. 보관만 잘해도 재료들을 낭비하지 않고 더욱 신선하고 영양가 높게 섭취할 수 있어요.

감자: 서늘하고 통풍이 잘 되며, 햇빛이 잘 안 드는 곳(냉장고에 보관 시 맛과 영양 감소)

고구마: 껍질째 신문지 또는 종이로 싸서 통풍이 잘 되는 곳에 실온 보관(박스째로 보관할 때는 겉면의 수분기를 없애고 잘 말려서 신문지를 켜켜이 깔아 보관)

오이: 개별로 랩을 싸 세워서 보관

양파: 껍질째 망에 담아 서늘하고 통풍이 잘 되는 곳이나 햇빛이 잘 안 드는 곳에 보관. 소량이라면 한 여름에는 잘 무를 수 있으므로 껍질을 제거하여 냉장 보관

가지: 통풍이 잘 되는 시원한 곳에서 실온 보관하고, 장기 보관할 때는 키친타월을 물에 적셔 꼭지 부분을 감싼 후 랩에 싸서 보관

당근: 흙이 묻은 채로 키친타월이나 종이에 싸서 냉장 보관

콩나물, 숙주: 물에 담가 냉장 보관하면 살아나지만, 소량씩 구입하여 바로 섭취하는 것이 좋음.

버섯류: 밀폐용기에 키친타월을 깔고 보관

고추: 씻지 않고 물기 없이 밀폐용기에 담아 냉장고에 보관

호박, 피망, 파프리카: 랩에 잘 싸서 채소실에 냉장 보관

양배추: 양배추의 심 부분에서 수분이 날아가기 때문에 심 부분을 칼로 잘라내고, 그 부분에 물에 적신 종이타월을 채워 넣고 랩을 씌워 냉장 보관

셀러리: 잎과 줄기를 따로 보관

더욱 신선하게 보관하기!

세워서 보관하면 좋은 재료: 오이, 당근, 가지, 아스파라거스(줄기채소류)

씻지 않고 보관하면 좋은 재료: 대파, 당근, 우엉, 연근

소스 만들기

맛간장

감칠맛이 간장보다 더 깊은 맛간장을 이용해서 닭구이, 어묵볶음, 불고기 등을 만들어 보세요! 맛간장을 기본으로 단맛을 낼 수 있는 설탕, 매실액, 조청, 맛술 등과 다진 마늘만 더해도 맛있고 간편한 메뉴가 됩니다.

재료 (2인분)

- 진간장 500ml
- 다시마 우린 물 400ml
- 청주 70ml
- 양파 1/2개
- 사과 1개
- 레몬 1/2개
- 건표고버섯 2개
- 생강 1쪽
- 마늘 3개
- 대파 1대
- 건고추 2개
- 조청 1T
- 흑설탕 1T
- 통후추 약간
- 대파 뿌리 2개(선택)

만들기

❶ 사과, 레몬, 생강, 마늘 등의 재료는 맛이 잘 우러날 수 있도록 얇게 썰고, 양파는 큼직하게 썬다.
❷ 냄비에 레몬을 제외한 모든 재료를 넣고 10~15분간 끓인다.
❸ 불을 끄자마자 뜨거운 상태에서 레몬 슬라이스를 넣고 20분간 우린다.
❹ 모든 재료를 걸러서 소독한 병에 담아 사용한다.

초고추장

필요할 때마다 맛깔나게 초고추장을 만들면 소스로는 물론 비빔국수, 초무침 등에도 활용할 수 있어요. 숙성해서 사용하면 더욱 좋아요!

재료 (2인분)

- 고추장 7T
- 식초 2.5T
- 쌀엿(또는 물엿) 1T
- 매실액 1T
- 탄산수 2T
- 레몬즙 2T
- 설탕 1T
- 다진 마늘 1.5t
- 깨 1T

만들기

❶ 모든 재료들을 골고루 혼합한다.
* 단맛은 취향에 따라 가감해 주세요.

무침용 된장

된장 양념을 이용해서 나물 무침 요리에 활용해 보세요! 구수한 반찬이 바로 완성됩니다.

재료 (2인분)

- 된장 2T
- 다진 파 1~2T
- 매실액 1/2T
- 들깨가루 2t
- 들기름 2t
- 깨 2t
- 다진 마늘 1t
- 액젓 1/2t

만들기

❶ 대파를 다진다.
❷ 대파와 함께 모든 재료를 잘 혼합한다.

고추기름

볶음 요리, 찌개, 중국요리 등에 넣으면 풍미와 맛이 2배가 되는 고추기름을 활용해 보세요.

재료

- 기름(식용유, 콩기름, 포도씨유 선택) 500ml
- 고춧가루 6T
- 대파 2대
- 마늘 4개
- 생강 1톨
- 통후추 약간
- 페퍼론치노 3~4개 또는 건고추 1~2개 (선택)

만들기

❶ 재료의 맛이 잘 우러나게 하기 위하여 마늘은 칼등으로 눌러 으깨거나 슬라이스하고, 대파는 2등분 이상으로 자른다. 생강은 슬라이스한다.
❷ 냄비에 기름을 붓는다. 고춧가루를 제외한 모든 재료들을 넣고 중불에서 5~6분 정도 천천히 끓인다.
❸ 약불로 줄인 후 고춧가루를 넣고 약 5분 정도 더 끓인다. 타지 않도록 주의하고, 보글보글 끓기 시작하면 불을 끈다.
❹ 면포, 거름망 등을 이용하여 깨끗하게 거른다.

기본 육수 만들기

요리할 때 육수는 기본!
자주 사용하는 기본적인 육수를 소개합니다.
육수를 사용하면 맛과 영양을 더할 수 있어요.
육수는 중불에서 중약불 정도로 은근하게 끓여야
재료들의 맛이 잘 우러나옵니다.
깔끔한 육수를 위하여 끓이면서 생기는 거품이나
부유물들을 꼭 걷어내 주세요!

멸치 다시마 육수

개운하고 담백한 기본 육수로 된장, 고추장 찌개류 등 어디에나 잘 어울려요!

재료

- 물 2L
- 국물용 멸치 약 20마리 (내장과 머리 제거)
- 다시마 5cm×5cm 2장
- 무 200g(선택)

만들기

❶ 마른 냄비에 멸치를 달달 볶아 비린내를 날린 후 찬물을 붓고 다시마를 넣어 센 불에서 끓인다.

* 멸치를 냄비에 볶는 것이 번거롭다면 전자레인지에 30~40초 돌려주세요!

❷ 물이 끓기 직전에 다시마는 건지고, 불을 줄여 중불에서 20분 정도 더 끓인 후 체에 걸러 사용한다.

* 체에 거르는 것이 귀찮다면 다시백을 구입해서 사용하세요!
* 디포리를 사용하면 멸치보다 깊은 맛을 낼 수 있어요!

채소 육수

냉장고에 자투리로 남아있는 단단한 채소들을 버리지 말고 육수로 만들어 두면 다양한 국류, 이유식, 볶음류, 카레, 죽 등에 건강하고 깔끔하게 활용할 수 있어요!

만들기

1. 찬물에 채소들을 넣고 중불에서 끓인다.
2. 물이 끓기 직전에 다시마는 건지고, 30분간 더 끓인다. 채소들은 체에 거르고 육수만 사용한다.

* 끓인 채소 육수는 냉장 보관하거나 지퍼백 등을 이용하여 냉동실에 보관하여 필요할 때마다 꺼내서 사용해 보세요!
* 채소의 종류는 정해져 있지 않으니 집에 있는 채소 중 약간의 단맛이 있고 단단한 채소들을 다양하게 가감하여 활용하세요!

재료

- 물 2L
- 애호박 1/4개
- 당근 1/4개
- 마늘 2개
- 파뿌리 1개
- 양파 1/2개
- 마른 표고버섯 1개
- 다시마 5×5cm 1장
- 무 2cm 두께

사용할 수 있는 재료

- 당근
- 애호박
- 양파
- 통마늘
- 대파(또는 파뿌리)
- 버섯(밑동)
- 생강
- 무다시마
- 양배추
- 무 2cm 두께

표고버섯 다시마 육수

감칠맛이 탁월하고 진해서 조림, 찌개, 국류 등에 두루 활용할 수 있어요!

재료

- 물 2L
- 건 표고버섯 8~10개
- 다시마 10cm×10cm 1장

만들기

❶ 건 표고버섯을 흐르는 물에 살짝 헹구고, 다시마는 젖은 면보로 닦는다.

❷ 물에 재료들을 넣고 반나절 정도 우린다.
(시간이 없는 경우, 중불에서 은근하게 끓이다가 물이 끓기 직전에 다시마는 건지고, 15~20분간 더 끓여 사용한다.)

* 기본 다시마 육수는 물 1L에 다시마 10cm×10cm 1장을 넣고 3~4시간 정도 우려요. 시간이 없는 경우 10분 정도 물에 불린 후 중불에서 천천히 끓이다가 끓기 직전에 다시마를 건져 사용해요.
(무를 약간 넣으면 시원한 맛이 잘 우러나는데, 무는 다시마를 건지고 10~15분가량 더 끓여줍니다.)

해물 육수

시원한 해물 육수는 찌개, 국과 탕류는 물론 수제비, 볶음류, 스튜 등에 활용하면 깊은 맛이 더해져요!

재료

- 물 2L
- 무 1/4개
- 바지락 200g
- 양파 1/4개
- 건새우 30g(또는 새우 머리 5~6개)
- 건 표고버섯 2개
- 멸치 10~12마리(또는 디포리 5마리)
- 파뿌리 2개

만들기

❶ 해감한 바지락은 껍데기까지 깨끗이 씻는다.
❷ 찬물에 재료를 넣고 센 불로 끓인다.
❸ 끓어오르면 불을 줄이고 중불로 끓이면서 거품과 부유물을 제거한다.
❹ 15~20분 더 끓이고 재료들을 건진 후 육수만 사용한다.
(시간이 없는 경우, 중불에서 은근하게 끓이다가 물이 끓기 직전 다시마는 건지고, 15~20분간 더 끓여 사용한다.)

* 무는 이렇게 사용해요!
아랫부분(흰 부분): 시원한 맛, 육수용
중간부분: 단단하고 아삭함. 조림, 볶음, 국용
윗부분(초록색 부분): 단맛이 많이 나는 편. 생채, 장아찌 절임용

굿모닝,
우리의 브런치

초딩 입맛, 남편의 건강한 아침을 위해

아보카도 그린 볼

치아씨드, 건자두, 마키베리, 그라비올라, 햄프씨드, 그래놀라, 각종 견과류… 등등

다 열거하지도 못한 이 재료들은 우리 집에 늘 있는 것들이다. 하지만 초딩 입맛인 남편에게 건강한 재료들을 꾸준히 먹이는 건 쉬운 일이 아니다. 그래서 우리 집 아침 메뉴로 자주 등장하는 그린 볼.

늘 챙겨주는 아침만 먹었던 내가 어느새 누군가의 아침까지 책임지게 되었다니…

재료 (2인분)

- 아보카도 1/2개
- 시금치 1줌(잎 부분)
- 복숭아 1/2개
- 바나나 1개
- 아몬드 밀크 1/2컵
- 꿀 약간(선택 사항)
- 토핑 재료(취향껏 준비해 주세요!)

만들기

❶ 모든 재료를 믹서에 넣고 갈아준다.
❷ ❶을 볼에 담고 그 위에 견과류, 치아씨드, 그래놀라 등 원하는 토핑을 얹는다.
❸ 남은 과일은 하단에 깔거나 상단에 플레이팅하여 마무리한다.

아보카도를 메인으로 갈아서 만든 그린 볼 위에 각자 먹어야 할 재료들을 토핑으로 뿌려줍니다. 이렇게 먹으면 다양한 재료들을 편하게 먹을 수 있어요!

TIP 아몬드 밀크를 넣으면 아몬드 향이 은은하게 돌고, 우유보다 칼로리가 낮아요! 복숭아 대신 망고를 넣어도 good!

아보카도 손질

아보카도는 중앙에 세로로 칼집을 내어 엇갈리게 비틀어 반으로 나눈다. 씨앗은 칼로 찍어 비틀어 제거하고, 수저를 이용하여 속을 파낸다.
아보카도가 초록빛을 띠고 겉이 딱딱한 것은 아직 덜 익은 것이다. 바로 먹을 아보카도는 흑녹색을 띠고, 눌렀을 때 탄력 있게 살짝 들어갔다가 다시 돌아오는 것을 고른다.

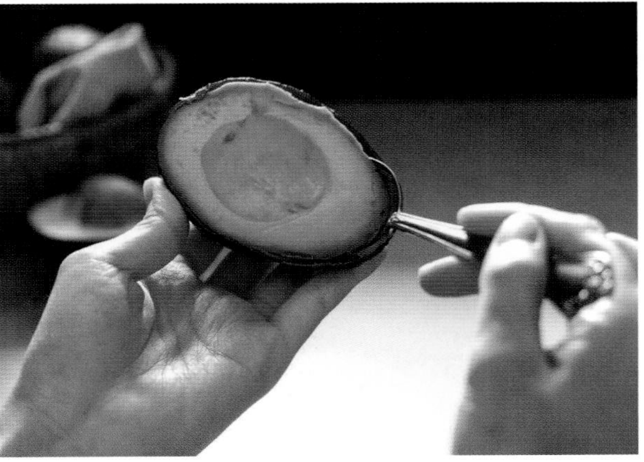

결혼 전도사 #홈카페 #주말 #브런치

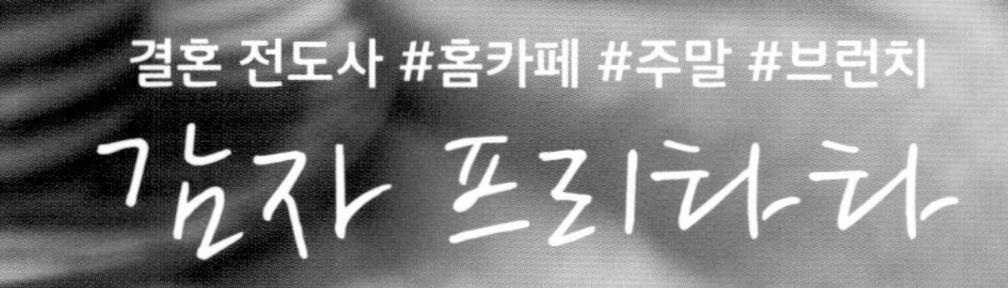

결혼해서 행복한 순간 중 하나,
굳이 한껏 차려입고 나가지 않고도 도란도란 마주 앉아 따뜻한
브런치를 즐길 수 있다는 것. 따사로운 햇살만 있다면
그 어디보다 분위기 좋은 브런치 카페가 바로 우리 집, 홈카페다.
평일 내내 소진된 에너지가 충전되고, 함께하는 것만으로도
위로가 되는 주말 브런치 시간.

많은 메뉴를 준비하지 않아도 감자 프리타타 하나면 둘이서
충분히 든든하다.

(지름 21cm 무쇠주물팬 기준)

- 감자 1개(작은 것은 2개)
- 양파 1/2개
- 시금치 반 줌
- 양송이버섯 2~3개
- 베이컨 2줄
- 토마토 1/2개
- 파르마산 치즈 1t
- 계란 4개
- 우유 3T
- 다진 마늘 1/2t
- 소금 두 꼬집
- 후추 한 꼬집

재료 손질

❶ 감자는 슬라이서를 이용하여 얇게 썰어 물에 5분간 담가 놓는다.
❷ 양파는 얇게 썰고, 시금치와 버섯, 토마토는 먹기 좋은 크기로 잘라 준비한다.
❸ 계란을 잘 풀어주고, 우유와 소금, 후추, 파마산 치즈 가루, 다진 마늘을 넣어 잘 섞는다.
❹ 오븐은 180°로 예열해 둔다.

프리타타 만들기

❶ 팬에 버터 1T를 녹이고, 슬라이스한 얇은 감자를 넣어 볶아주듯이 2분가량 익힌 후 양파와 베이컨을 추가로 넣어 2~3분 정도 익힌다.
❷ 시금치와 버섯을 넣고 시금치의 숨만 죽을 정도로 살짝 열을 가한 후 불을 끈다.
❸ 준비한 계란물을 부어 서너 번 뒤적이며 계란과 재료를 골고루 섞는다.
❹ 토마토를 맨 위에 얹고 예열된 오븐에 넣어 약 20분 익힌다.(오븐 사양이 다르므로 젓가락으로 찍어서 계란물이 묻지 않으면 꺼낸다.)
❺ 오븐에서 꺼낸 프리타타 위에 파르미지아노 레지아노 치즈를 뿌려 마무리한다.

네가 모르는 감자

루꼴라 뢰스티

"요즘은 감자가 제철이야. 비타민C도 사과보다 많고, 칼륨도 풍부해서 나트륨 배출도 해주니까 많이 먹자~"

채소 소믈리에 공부를 하던 즈음이라 이런 멘트를 남편에게 하고 있다. 감자라고 하면 찐 감자, 찌개 속 감자밖에 모르는 남편에게 오늘은 뢰스티 스타일로 감자를 요리해 준다.

"오빠, 나 스무 살 때 루꼴라를 너무 좋아해서 먹고 싶을 때마다 뽑아 먹으려고 베란다에서 루꼴라 키웠었다."

이렇게 오늘의 브런치도 종알종알 수다스럽게 지나간다.

* 특유의 쌉싸름하고 독특한 향과 맛을 가지고 있는 루꼴라는 수더분하지만 조금 심심하다 싶은 감자와 잘 어울려요!

재료

루꼴라 뢰스티

- 감자 3개(중)
- 파마산 치즈 3T
- 루꼴라 한 줌
- 소금 두 꼬집
- 버터 2T
- 오일(포도씨유, 식용유 등) 2T

토핑

- 루꼴라 한 줌
- 파르미지아노 레지아노 약간
- 드라이 토마토 약간
- 베이컨 찹 약간

* 그뤼에르 치즈가 있다면 파마산 치즈 양을 반으로 줄이고 그뤼에르치즈를 넣어주세요!

소스

- 마요네즈 2T
- 요거트 1T
- 엔쵸비 1마리(5~6cm)
- 다진 마늘 1t
- 레몬즙 약간

만들기

❶ 분량의 소스는 믹서기로 갈거나 엔쵸비를 잘게 다져서 잘 섞어 둔다.
❷ 감자를 채칼로 얇게 채 썰어 준 후 소금, 파마산 치즈를 뿌려 섞는다.
❸ 팬에 버터와 오일을 1:1 비율로 두르고, 감자를 원하는 크기로 부친다.
❹ 뢰스티 위에 채소와 토핑 재료들을 얹는다.
❺ 소스는 뿌리거나 따로 담는다.

베이비채소 뢰스티

만들기

❶ 분량의 소스는 믹서기에 갈거나 엔쵸비를 잘게 다져서 잘 섞어 둔다.
❷ 감자를 채칼로 얇게 채 썰어 준 후 소금, 파마산 치즈를 뿌려 섞는다.
❸ 팬에 버터와 오일을 1:1 비율로 두르고, 감자를 원하는 크기로 부친다.
❹ 뢰스티 위에 베이비채소와 토핑 재료를 얹는다.
❺ 소스와 치즈를 뿌린다.

요알못 남편의 최후

계란 샌드위치

요리에 '요'자도 모르는 그가 장모님이 좋아한다는 계란말이를 하기 위해 계란 두 판을 사왔다. 완벽한 계란말이를 위해 유튜브의 모든 계란말이 영상을 보며 이미지 트레이닝을 하고 서너 번의 연습까지 했으나 장렬히 실패하고 말았다. 결국, 우리 집에 남은 건 계란뿐. 완벽한 계란말이는 그에겐 너무 어려운 일이었나 보다.

안쓰러운 마음에 남은 계란으로 남편이 일본 여행에서 참 좋아했던 계란 샌드위치를 만든다.

* 녹차와 함께 드시면 맛있어요!

- 계란 4개
- 소금 1/2t
- 설탕 2~2.5T
- 우유 5T
- 맛술 1T
- 식빵 3장

명란소스

- 명란젓(1) : 마요네즈(2) : 꿀(0.5)

와사비소스

- 고추냉이(0.5) : 마요네즈(2) : 꿀(1)
- 소금&후추 약간

* 고추냉이는 취향에 따라 가감해 주세요!

만들기

❶ 계란 4개를 흰자와 노른자로 분리한다.
❷ 볼에 노른자, 소금, 설탕, 우유, 맛술을 넣고 잘 섞는다.
❸ 흰자는 뿔이 설 때까지 머랭을 쳐준다.
(흰자 머랭치기를 할 때 노른자, 물기 등 다른 물질이 들어가면 완성되지 않아요!)
❹ ❷와 ❸을 가볍게 혼합한다.
❺ 오븐 용기에 종이 포일을 깔고 혼합한 계란 반죽을 담는다. 위를 한 번 더 호일로 덮는다.
❻ 160°로 예열한 오븐에서 40~50분 정도 구워준다.
(젓가락으로 찔러서 계란 물이 묻지 않아야 돼요!)
❼ 소스는 분량대로 잘 섞어 식빵 양면에 바른다.
❽ 잘 익은 계란을 식빵 크기에 맞게 자른 후 빵 위에 얹어 샌드위치를 만든다.

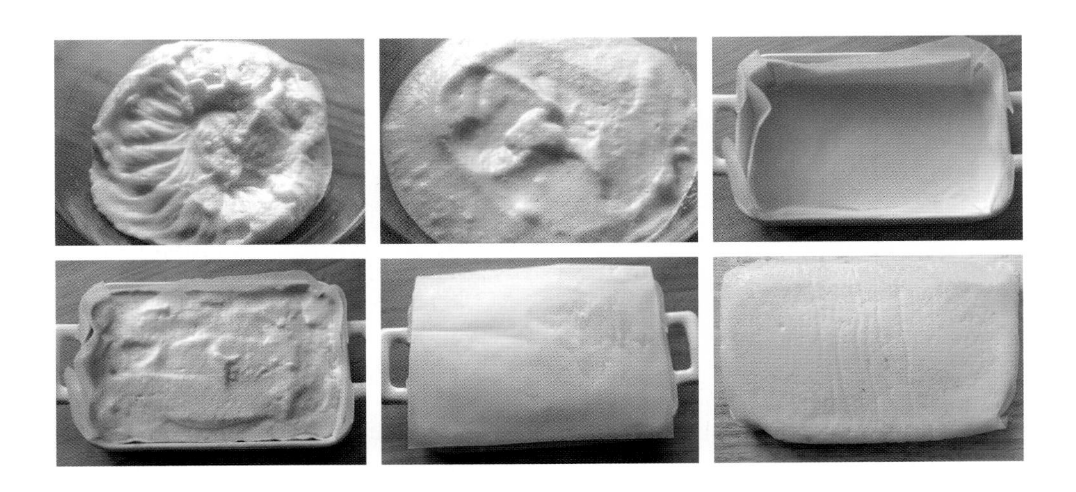

프로 야근러 남편에게

새우 퀴노아 샐러드

월말이다.
밥도 먹지 못하고 야근하고 돌아온 남편.
밥은 부담스럽고, 영양은 챙겨주어야 하니 오늘은 퀴노아다.
퀴노아는 고단백, 고영양 곡류!
여기에 채소는 물론 좋아하는 새우를 더해 샐러드처럼 만들면
프로 야근러가 좋아하는 든든한 샐러드가 된다.

재료

- 퀴노아 100g
- 물 250ml
- 새우 9~10마리
- 오이 1/4개
- 토마토 10개
- 양파 1/4개
- 파프리카 1/4개

새우 시즈닝

- 라임즙 1t
- 칠리 파우더 1/4t
- 파프리카 파우더 1/2t
- 다진 마늘 1/2t
- 핫소스 1t
- 커리 파우더 1t
- 올리브오일 1t
- 소금&후추 약간

드레싱

- 올리브오일 1T
- 화이트와인 비네거 2T
- 소금 1/2t
- 후추 두 꼬집
- 바질가루 1/2t

만들기

❶ 체반에서 잘 씻은 퀴노아를 2배 정도의 물을 넣고 끓인다. 끓기 시작하면 5~10분 동안 약불에서 물기가 사라질 때까지 끓인다.
(끓일 때 저어주지 않으면 바닥에 눌어붙을 수 있어요!)

❷ 물기가 거의 사라지면 불을 끄고, 5분 정도 그대로 둔다.

❸ 오이, 토마토, 양파, 파프리카를 잘게 다진다.

❹ 새우는 시즈닝 재료와 함께 버무린 후 15분 정도 두었다가 팬에서 익힌다.

❺ ❸과 분량의 드레싱을 잘 혼합한다.

❻ 퀴노아 샐러드에 새우를 토핑하여 세팅한다.

그렇게 나한테 반하나

떠먹는 바나나 티라미수

"어떤 영화 좋아해?", "좋아하는 노래는?"
시시콜콜한 서로의 취향을 알아가던 그 시절,
가장 좋아하는 과일이 바나나라고 대답했던 남자 친구.

그때부터였을까.
엄마의 주방을 어지럽혀 잔소리를 들으면서도
꿋꿋하게 바나나 디저트를 만들었다.
빵이며 케이크며 항상 가장 예쁘게 만들어진 것만 쏙쏙 골라 포장했다.
'키워봤자 소용 없네'라는 말을 덤으로 들으며….

지금도 여전히 가장 좋아하는 과일이 바나나라고 하는 남편. 풋풋하고
귀여웠던 연애 시절을 기억하며, 바나나 디저트를 만들어야겠다.

그래, 오늘은 바나나 향이 가득한 부드러운 티라미수와
커피 한 잔을 마시자!

마스카포네 크림

- 마스카포네 150g
- 생크림 150ml
- 달걀노른자 2개
- 설탕 3T
- 슈가 파우더 1T

바나나 크림

- 바나나 1개
- 설탕 70g
- 버터 1T
- 계란 노른자 1개

시럽

- 인스턴트커피 가루 4g
- 물 40g(에스프레소가 있다면 대체 가능)

장식

- 바나나 1~2개
- 코코아 파우더 약간

시트

- 시판용 카스텔라 빵
 (레이디 핑거 대체 가능)

1. 커피시럽

뜨거운 물에 커피 가루를 섞은 후 식힌다.

2. 바나나 크림(미리 만들어 두면 좋아요!)

❶ 버터, 설탕, 노른자를 믹서기로 간 후 바나나를 넣어 한 번 더 갈아준다.
❷ 냄비에 ❶을 넣고 약한 불에서 타지 않게 잘 저으며 6~7분 동안 끓인다.
❸ 차갑게 식힌다.

3. 마스카포네 크림

❶ 볼에 계란 노른자와 설탕을 넣고 거품기로 푼 후 마스카포네 치즈를 넣고 섞는다.
❷ 다른 볼에 생크림과 슈가 파우더를 넣고 단단하게 휘핑한다.
❸ ❶과 ❷를 섞는다.

4. 바나나 티라미수

❶ 마스카포네 크림과 바나나 크림을 잘 섞어서 바나나 티라미수 크림을 만든다.
❷ 카스텔라를 1cm 내외로 슬라이스하여 용기 바닥에 깔아준다.
❸ 시트 위에 커피시럽을 적시고, 바나나 티라미수 크림을 덮는다.
❹ 시트 층 사이사이에 바나나 슬라이스를 넣는다.
❺ 위의 방법을 반복한 후 가장 윗부분에 코코아 파우더를 뿌린다.

TIP 사각형의 용기와 사각형의 빵을 사용하면 남는 부분이 적어요!
바나나 크림 만들기를 생략하면 일반 티라미수가 됩니다.

플레이팅 TIP

바나나를 길게 슬라이스하여 설탕을 뿌리고, 토치로 살짝 구워주세요!(토치가 없다면 후라이팬 사용)
바나나는 식혀서 올려주시고, 로즈마리 잎 하나를 얹어주셔도 좋아요!

스프 입문자의 스프 입성기

감자 대파 스프

따뜻한 스프를 후루룩 마시듯이 먹는 것을 좋아한다.
특히나 쌀쌀한 날 홈메이드 스프를 보글보글 끓여
바삭한 크루통을 뿌려 먹으면 이런 게 바로 작은 행복 아닐까 싶다.
자취 경력 10년인 남편은 집에서 스프를 끓이는 내 모습이 익숙지 않았나 보다.
그래서 초딩 입맛이었던 남편에게 편하게 스프를 즐길 수 있을만한 메뉴를 만들기
시작하였다. 감자 스프를 시작으로 코코넛밀크와 당근이 어우러진 당근 스프,
타이 스타일 스프, 차가운 토마토 바질 스프 등 하나하나 만들어주다 보니
어느새 스프를 즐기는 남자가 되었다.

이렇게 길들어지는 거지.

- 작은 감자 3개(370~400g)
- 양파 1/2개
- 대파 흰 부분 10cm
- 다진 마늘 1/2T
- 버터 1T
- 올리브유 1/2T
- 치킨스톡 육수 250ml
- 생크림 100ml
- 우유 150~200ml

선택 재료

- 크루통
- 베이컨
- 체다 치즈 1장

만들기

❶ 감자, 양파, 대파는 껍질을 벗기고 얇게 채 썬다.

❷ 팬에 버터와 올리브유를 두르고 양파, 대파, 마늘을 브라운 빛이 나기 전까지 볶는다.

❸ ❷에 감자를 넣고, 소금과 후추를 한 꼬집씩 넣어 브라운 빛이 날 때까지 볶는다.

❹ 감자가 거의 익었을 때 치킨스톡 육수를 넣고, 감자가 완전히 익을 때까지 5분 정도 끓인다.

❺ 불을 끄고 ❹를 믹서기로 갈아 준다.

❻ 다시 불을 켜고 생크림과 우유를 넣어 한소끔 더 끓이며 원하는 농도까지 끓인다. 이때 모자라는 간은 체다 치즈나 소금을 이용하면 더 진한 맛을 느낄 수 있다.

남자에게도 든든한

필리 치즈 샌드위치

빵집에 가면 담백한 식사 빵을 먼저 집는 나와 달리
무조건 속 재료가 듬뿍 올라간 빵을 먼저 집는 남편.

그런 남편의 취향을 담아 치즈 듬뿍, 고기 듬뿍 얹어
푸짐하게 만들어 주는 필리 치즈 샌드위치.

식사 대용으로 충분해서 샌드위치로는 속이 차지 않는다는 남편에게 제격!

- 빵(치아바타, 바게뜨 또는 원하는 빵)
- 쇠고기(불고깃감 또는 스테이크용) 120g
- 피망 1/2개
- 파프리카 1/2개
- 양파 1/3개
- 슈레드 치즈 70g(체다+모차렐라)

양념

- 간장 1.5T
- 우스터 소스 1T
- 청주 2T
- 발사믹 비네거 1T
- 흑설탕 1T
- 양파 1/4T
- 다진 마늘 1/2T
- 홀그레인 머스터드 소스 1/2T
- 후춧가루
- 타임가루 약간

만들기

❶ 쇠고기는 키친타올로 핏기를 제거하고, 채소는 길게 채 썰어 준비한다.
❷ 분량의 양념을 믹서기로 잘 갈아준 후 쇠고기와 채소를 함께 넣어 20분간 재어둔다.
❸ 팬에 기름을 살짝 두른 후 재어둔 채소와 고기를 볶는다. (고기와 채소가 금방 익어요!)
❹ 모든 재료가 거의 익었을 때 슈레드 치즈를 위에 얹어 재료들의 열기로 치즈를 녹인다.
❺ 빵을 갈라 완성된 ❹를 채워 넣는다.

내가 할 수 있는 아침의 작은 응원

스무디

6년 전, 남자 친구가 회사에 입사했다.
"4~5년 뒤에도 지금의 마음이 변치 않는다면 공부를 다시 시작할 거야."
그리고 그날이 왔다.
31살의 남편은 퇴사를 준비했다.

우리는 부부가 되었고,
좋은 직장을 그만둔다는 것에 대한 주변의 우려가 있었다.
두려움과 걱정이 없다면 거짓말,
8년간 보아 온 그를 믿고 존중하고 또 응원한다.

남편이 학교로 향하는 매일 아침,
밥상을 차리지 못하는 날에는
신선한 스무디라도 갈아 주리라 다짐한다.

바나나키위 치아씨드 스무디

재료

- 키위 1개
- 요거트 5T
- 우유 100ml
- 바나나 1개
- 불린 치아씨드 1~1.5t

만들기

1. 치아씨드를 물에 5~10분 불린다.
2. 키위, 요거트, 우유, 바나나를 믹서기로 잘 갈아준 후 치아씨드를 가볍게 섞는다.

TIP 키위를 사진처럼 플레이팅할 경우, 얇게 슬라이스해서 컵 벽면에 먼저 붙여 주세요!

토마토석류 스무디

재료

430~450ml 기준

- 토마토 1개
- 석류알 170g
- 물 100ml

만들기

1. 석류는 석류알만 발라내어 준비한다.
2. 토마토, 석류알, 물을 넣고 잘 갈아준다.

TIP 비트가 있다면 소량을 잘게 잘라서 함께 갈아준다.

청포도밀싹 스무디

재료

430~450ml 기준

- 물 100ml
- 청포도 170g(16~20알)
- 밀싹 15g
- 사과 1/2개

만들기

❶ 밀싹을 0.5~1cm 크기로 잘게 썬다.

❷ 청포도, 밀싹, 사과, 물을 믹서기에 넣어 잘 갈아준다.
(믹서기의 성능이 좋지 않은 경우, 밀싹과 물을 먼저 갈다가 나머지 재료들을 넣어 주세요.)

당근홍시 스무디

재료

300ml 기준

- 당근 1/3개
- 홍시 1개
- 물 70ml(적당량)

만들기

1. 당근을 잘게 썰고, 홍시는 속만 파낸다.
2. 당근, 홍시, 물을 믹서기에 넣어 잘 갈아준다.

비트베리 스무디

재료

- 비트 40g
- 블루베리 60g
- 키위 1/2개
- 사과 1/2개
- 물 200ml

만들기

1. 비트는 껍질을 벗겨 잘게 깍뚝 썰거나 채 썬다.
2. 비트, 블루베리, 키위, 사과, 물을 믹서기에 넣어 잘 갈아준다.

바나나고구마 스무디

약 300ml 기준

- 고구마 200g
- 바나나 1개
- 우유 150ml
- 아몬드 10개

❶ 익힌 고구마를 믹서에 들어갈 수 있는 크기로 자른다.

❷ 고구마, 바나나, 우유, 아몬드를 믹서기에 넣어 잘 갈아준다.

이제 주말 데이트는 집에서

아보카도 수제버거

매일 새벽까지 공부한 남편이 오랜만에 늦잠을 자는 주말.
회사를 다녔더라면 맛집을 찾아가며 비싼 밥을 먹었을 텐데 이제는 저녁까지 학식을 먹고 들어오는 모습에 마음이 짠하다. 게다가 외식을 하며 데이트하는 시간도 잘 갖지 못하는 요즘, 남편이 좋아하는 수제버거를 만들어 기분을 내본다.

"우아! 수제버거다. 엄청 실하네."
"맛있게 드세요~ 89,000원입니다. ^^"
"네??? 선생님 지금 얼마라고 하셨죠? 그냥 보기만 할게요."
"그 정도 가격의 정성이라는 거지. ^^"

재료

패티(165g 3개 분량)

- 다진 쇠고기 300g
- 다진 돼지고기 150g
- 파마산 치즈 1T
- 다진 마늘 2t
- 맛술 1T
- 양파 1/2개
- 생강가루 1/2t
- 소금 세 꼬집
- 후추 두 꼬집
- 레드와인 1T

패티 외

- 토마토
- 잎채소(양상추, 로메인 등) 약간
- 치즈
- 아보카도(햄버거 하나에 약 1/3개)
- 양파, 라임즙 약간
- 소금, 후춧가루 약간씩

소스

- 마요네즈 1/2컵
- 케첩 1T
- 머스터드 1T
- 갈릭 파우더 1t
- 오이 피클 15g
- 파프리카 파우더 1/2t

만들기

❶ 양파는 다져서 살짝 볶아 수분을 날리고, 남은 패티 재료들을 모두 넣어 치댄다.
(시간 여유가 있으면 양파를 카라멜라이징 해서 넣으면 더욱 맛있어요!)

❷ 잘 치댄 패티는 동그란 모양으로 모양을 잡되 중앙을 살짝 눌러서 빚는다.

❸ 팬에 오일을 둘러 패티를 굽고, 햄버거 빵을 버터에 살짝 구워 준비한다.

❹ 토마토와 양파는 슬라이스하고, 잎채소는 씻어서 물기를 제거한다.

❺ 아보카도는 얇게 슬라이스하고, 소금과 후추, 라임즙을 뿌린다.
(자른 상태로 그대로 옮겨야 모양이 흐트러지지 않아요!)

❻ 분량의 소스를 모두 넣어 갈아서 햄버거 소스를 만든다.

❼ 빵 양면에 소스를 먼저 바르고, 잎채소를 깐 후 패티, 치즈, 양파, 아보카도를 차례로 얹어 햄버거를 완성한다.

그냥 먹기만 하면 돼

짜조

월남쌈을 좋아해서 연애 시절은 물론 집에서도 종종 만들어 먹었다.
어느 날, 뷔페에서 월남쌈을 맛있게 먹다가 물었다.

"오빠 왜 월남쌈 안 먹어?"
"아! 그냥 뭐, 만들어 먹기 귀찮고 손에 묻는 것도 싫어서~"

생각해보면 남편은 내가 하자는 것에 대해서 한 번도 싫다고 한 적이 없다. 그게 무엇이 되었든지 늘 즐겁게 함께 해주었다. 오늘은 즐거운 마음으로 짜조를 만든다.
사실 튀김 요리는 주변이 지저분해져서 자주 하지 않지만
짜조는 라이스페이퍼를 직접 싸서 튀기기 때문에 쏙쏙 집어먹을 수 있고,
분명 남편이 좋아할 맛이라는 것을 알기에…

- 새우 200g
- 다진 돼지고기 400g
- 당면 30g
- 양파 1/2개
- 당근 1/4개
- 부추 1/4단
- 다진 마늘 1.5t
- 소금&후추 한 꼬집
- 피시소스 1t
- 달걀 1개
- 목이버섯 30g(불린 것)

소스

- 물 3T
- 설탕 1T
- 피시소스 1T
- 라임즙 1T
- 식초 1t(취향에 따라)

만들기

❶ 당면과 목이버섯은 물에 불린 후 잘게 다진다.
❷ 새우, 양파, 당근, 부추를 모두 다진다.
❸ ❶과 ❷를 혼합하고, 소금, 후추, 피시소스, 달걀, 다진 마늘을 넣고 잘 섞는다.
❹ 미지근한 물에 라이스페이퍼를 넣어 부드럽게 한 후 라이스페이퍼에 속 재료를 넣고 말아서 접는다.
❺ 180℃로 가열한 기름에 넣고 튀긴다.
❻ 소스를 잘 혼합하여 짜조와 곁들인다.

주말 간식 당첨!

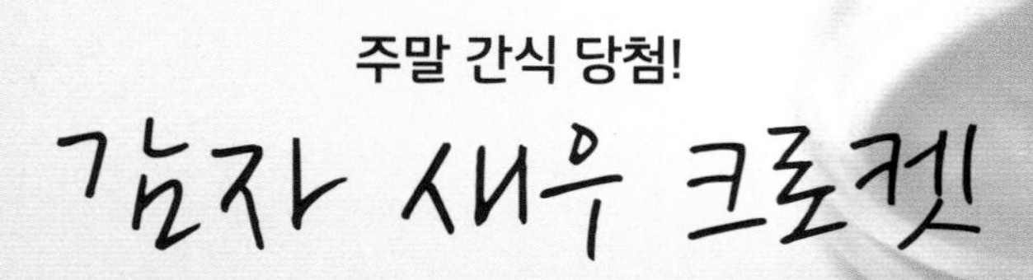

어렸을 때 엄마가 간식으로 튀겨주신 크로켓이 참 맛있었던 기억이 난다.
비단 이 음식만이 아니다.
결혼을 하니 엄마가 만드신 음식을 먹고 싶을 때
바로 먹을 수 없다는 아쉬움이…

어렸을 때 기억이 떠올라 맛있는 감자가 많이 나오는 어느 여름 날,
주말 간식 메뉴로 감자 새우 크로켓을 만들어 본다.

재료 손질

❶ 감자는 익히기 전에 중앙에 살짝 칼집을 둘러 주세요! 나중에 껍질을 벗기기 좋답니다.

❷ 삶거나 찌기

TIP 삶을 때는 물에 굵은 소금을 약간 넣고 찬물에서 삶아 주세요!

TIP 맛은 조금 덜하지만 모든 것이 귀찮을 때, 전자레인지에 감자 익히기

- 껍질을 벗긴 감자와 물 3~4T를 용기에 넣고, 7~8분간 돌려 주세요.
  (전자레인지 용기가 없을 때는 랩으로 덮고 구멍을 뚫어 줍니다.)
- 감자가 너무 크면 반으로 잘라 주세요!

재료

- 감자 약 3개
- 새우 300g(칼로 다짐)
- 버터 1T
- 우유 1T
- 맛술 1T
- 소금&후춧가루 각 두 꼬집

만들기

❶ 감자를 완전하게 익힌(찌거나 삶음) 후 뜨거운 상태에서 버터 1T를 넣어 잘 으깬다.
❷ 다진 새우에 맛술, 우유, 소금, 후추, 으깬 감자를 넣어 반죽을 만든다.
(새우를 너무 잘게 다지면 씹는 맛이 사라져요!)
❸ 반죽을 먹기 좋은 크기로 빚어 밀가루, 계란 물, 튀김가루 순으로 묻힌다.
❹ 170~180° 기름에 표면이 노릇해질 때까지 튀긴다.
(크게 익힐 재료가 없으니 노릇해지면 건져 주세요.)

소스

칠리 소스나 케첩과도 잘 어울리지만,
특별한 소스가 먹고 싶다면…

명란 치즈 소스

- 명란 1덩이(약 40g)
- 크림치즈 40g
- 우유 1T
- 후춧가루 약간
- 칠리파우더 약간(생략 가능)

레몬 마요 소스

- 마요네즈 4T
- 레몬즙 1.5~2T
- 꿀 1/2T
- 후춧가루 약간

회사 간식은 홈메이드 간식으로

크로크무슈

배가 출출해지는 오후 시간에 회사 카페에서 크로크무슈를 사 먹던 남편.

퇴사한지 얼마 지나지 않은 어느 날,
회사 카페에서 사 먹던 크로크무슈가 그립다는 남편에게 회사 카페보다 퀄리티 높은 홈메이드 크로크무슈를 만든다.

홀로 가는 길이 쉽지 않겠지만 언제나 내가 옆에 있다는 거…

- 베이컨 2장
- 슬라이스 햄 2장
- 체다 치즈 1~2장
- 모차렐라 치즈
- 곡물빵 슬라이스 3장

소스

- 밀가루 15g
- 버터 25g
- 우유 250ml
- 양파 1/2개(소)

만들기

❶ 팬에 버터를 두르고 얇게 채친 양파를 볶는다.
❷ 양파의 수분이 날아가면 밀가루를 넣고 타지 않도록 약불에서 볶는다.
❸ 우유를 2~3회 나누어 넣으면서 잘 저어가며 볶은 후 불을 끈다.
❹ 빵은 1cm 두께로 3겹으로 자른다.
❺ 1층 빵에 만들어 둔 베샤멜 소스를 바르고 베이컨을 얹는다.
❻ 2층 빵 위에 슬라이스 햄과 체다 치즈를 얹고 빵을 덮는다.
❼ 맨 윗면에도 베샤멜 소스를 바르고 모차렐라 치즈를 뿌린다.
❽ 180° 오븐에서 치즈가 완전히 녹아내릴 때까지 굽는다.

TIP 구운 후 맨 위에 반숙 계란 후라이를 얹으면 크로크 마담이 됩니다!

내 친구의 임신

비빔만두

"사실 나 임신했어…!"
평생 교복 입은 학생일 줄만 알았던 친구가 나처럼 신혼의 길을 가더니 임신을 했다.
먹고 싶은 것이 없다던 그 친구가 갑자기 내 SNS에 올라가 있는 매콤새콤한 비빔만두가
먹고 싶다는 메시지를 보냈다.
정신없이 야근을 하고 나니 금요일이다. 어렵지도 않은 메뉴인데 덩그러니 레시피만
알려주기에는 마음이 쓰인다.
결국 오밤중에 칼질을 시작했다. 다음 날 아침, 채소와 양념장을 들고 친구 집으로 향했다.
돌아오는 길, 이제야 조금 마음이 편하다. 둘째를 가지면 만두도 직접 빚어줄게!

재료

- 만두 9~10개
- 적양파 1/2개
- 사과 1/2개
- 양배추 1/5통
- 깻잎 10장
- 당근 1/3개
- 파프리카 1/2개
- 오이 1/3개

양념장

- 고추장 2T
- 고춧가루 2T
- 매실액 2T
- 식초 2T
- 탄산수 2T
- 다진 마늘 1/2T
- 설탕 1t
- 통깨 1T
- 참기름1t

만들기

❶ 분량의 양념장 재료를 잘 섞는다.
(시간이 있다면 양념장은 1시간 이상 숙성시키면 더 좋아요!)
❷ 각종 과일과 채소를 얇게 채 썬다.
❸ 만두를 노릇노릇하게 튀긴 후 채소와 함께 양념장에 버무려 곁들인다.

TIP **사과나 배를 넣으면 달콤 상큼한 맛을 즐길 수 있어요!**
만두는 기름을 두르고 굽다가 밑면이 노릇노릇해지면 물을 넣어요. 물을 넣자마자 뚜껑을 닫아 수증기로 더 익혀 주세요. 바삭함과 촉촉함을 동시에 느낄 수 있어요.

* 더 새콤한 맛을 원한다면 레몬즙을 추가해 주세요!

오늘 도시락은 소풍처럼

돈가스 무스비

봄 날씨가 참 좋다. 늘 학교와 집을 반복해야 하는 남편의 일상에서
점심시간이 유일한 여유 시간일 것이다.
짧은 시간이지만, 야외의 벤치에 앉아 밥을 먹으면 조금이나마 힐링이 되지 않을까?

오늘 도시락은 바깥에서 편하게 먹을 수 있는 무스비를 준비한다.

- 김 1장
- 밥 180~200g
- 돈가스 1장
- 치즈 1장
- 당근 1/5개
- 오이 1/4개
- 깻잎 2장
- 잎채소 약간(로메인, 양상추 등)
- 계란 후라이(선택)

밥 양념

- 소금 두 꼬집
- 참기름 2t

소스

- 돈가스 소스 4T
- 마요네즈 1T
- 연겨자 1~2t

(소스는 모두 섞어서 뿌리거나 따로따로 뿌려도 돼요!)

* 밥을 지을 때 강황가루를 넣어 노란색 밥을 만들어도 좋아요.

만들기

❶ 갓 지은 밥에 양념을 넣고 뜨거운 김을 날려가며 양념을 골고루 섞는다.

❷ 당근은 채 썰어 소금 한 꼬집을 넣어 볶고, 오이는 어슷 썰어 둔다. 돈가스는 잘 튀긴 후 기름을 뺀다.

❸ 랩을 깔고, 김을 얹은 뒤 분량의 밥 1/2을 중앙에 펴 준다.

❹ 그 위에 잎채소와 깻잎을 깔고, 돈가스를 얹고 소스를 뿌린다.

❺ 그 위에 오이와 당근을 올리고, 다시 한 번 소스를 뿌리고 치즈와 남은 밥을 얹는다.

❻ 사방의 랩과 김을 함께 중앙으로 모아서 덮고 탄탄하게 모양을 매만진다.

❼ 반으로 잘라서 남은 소스를 위에 뿌린다.

TIP 여름에는 밥 양념을 단촛물로 바꾸어 넣으면 좋아요!(설탕, 소금, 식초 비율 3 : 2 : 1을 기본으로 취향껏 조절하세요.)

아보카도 러버의 간식

아보카도 에그

아보카도를 좋아해서, 아보카도로 만드는 나의 간식.

회사에서 출출할 때 과자나 초콜릿으로 때우는 간식보다는
여유 있게 홈메이드 간식을 만들어 먹는 날이 참 좋다.

- 아보카도 2개
- 계란 4개
- 베이컨 1~2줄
- 훈제연어 2조각
- 소금&후추
- 쯔유
- 마늘 가루(선택)
- 파슬리 가루 약간(선택)

만들기

❶ 아보카도를 반으로 자르고, 씨에 칼을 꽂아 비틀어 씨를 제거한다.
❷ 숟가락을 이용하여 계란이 들어갈 수 있도록 속을 약간 파낸 후 소금 두 꼬집과 후추 한 꼬집을 뿌린다.
❸ 아보카도는 흔들리지 않도록 머핀 틀 위에 얹는다.
❹ 계란을 깨서 볼에 담는다. 계란이 크면 노른자와 흰자를 분리한다.
❺ 아보카도에 연어 또는 베이컨을 얹고, 그 위에 계란을 담는다.
❻ 계란 위에 소금과 후추를 한 꼬집씩 뿌리고 마늘 가루가 있으면 약간 뿌린다.
❼ 180~190°로 예열된 오븐에서 15~17분 굽는다.
❽ 쯔유에 찍어 먹는다.

* 약간 반숙으로 구워 김치 볶음밥과 함께 사이드로 먹어도 좋아요!
* 파낸 아보카도 속은 토마토, 양파, 라임즙, 고수 등을 넣고 과카몰리로 즐기세요.

다이어트하는 척(?)하는 천생연분 부부

수란 연두부 샐러드

겨울에 찐 살을 빼자며 야심 차게 점심은 샐러드를 먹자고 한다.
날도 더우니 차가운 연두부가 좋겠다.
고소한 수란에 상큼한 드레싱을 먹고 나니 입맛이 더 돋는다.
너나 할 것 없이 밥맛이 더 좋아진 아이러니한 상황이다.

우리는 천생연분이다.

- 연두부 360g
- 어린잎 두 줌
- 계란 2개
- 가쓰오부시 약간

수란용

- 소금 1t
- 식초 1T

드레싱

- 간장 2T
- 식초 1T
- 설탕 1T
- 레몬즙 1T
- 들기름 1/2T
- 물 1T
- 양파 1/4개
- 오이 1/4개

만들기

❶ 양파와 오이는 같은 크기로 잘게 다져서 분량의 드레싱 재료들과 함께 잘 혼합한다.
❷ 계란은 따로 종지에 담아두고, 충분한 양의 물에 소금 1t와 식초 1T를 넣고 끓인다.
(냄비가 너무 작으면 안 돼요!)
❸ 물이 끓으면 숟가락으로 휘휘 저어 회오리를 만든 후 바로 계란을 넣는다. 계란을 넣을 때는 끓는 물 가까이에서 조심스럽게 넣는다.
④ 1분 30초~2분가량 후에 수란을 건져 물기를 뺀다.
❺ 접시에 연두부와 어린잎을 놓는다. 그 위에 수란을 얹고, 드레싱을 뿌린 후 가쓰오부시를 얹어 마무리한다.
❻ 수란을 터뜨려 소스, 채소, 가쓰오부시, 두부와 함께 드세요!

TIP 음식이 흰색 계열이기 때문에 컬러감이 있는 접시에 세팅하면 좋아요!

커피를 좋아하는 남편의 홈카페 봄 메뉴

딸기 샌드위치

"오늘은 커피랑 같이 먹을 것 없어?"

커피를 좋아하는 남편.
딸기 철이 되면 딸기 샌드위치를 만들어 커피와 함께 내어준다.
찰떡궁합이라며 행복하게 커피를 마시는 모습을 보니 내가 더 행복하다.

딸기 샌드위치

- 생크림 250ml
- 크림치즈 1T
- 설탕 1.5~2T
- 식빵 6장
- 딸기 11~12개
- 바나나(선택)

생딸기 우유

- 우유
- 딸기 450g
- 설탕 2T
- 연유 2T

만들기

❶ 차가운 볼에 크림치즈와 설탕을 넣고 거품기로 풀어 준다.
❷ ❶에 생크림을 넣고 휘핑기로 단단해질 때까지 휘핑한다.
❸ 랩을 깔고 식빵을 올린 뒤 크림을 얹는다.
(너무 두껍지 않게 크림을 깔아 주세요!)
❹ 중앙 부분에 올리는 딸기는 통으로 올리고, 테두리에 얹는 과일은 반으로 잘라서 올린다.
(딸기가 작다면 모두 통으로 올려도 돼요!)
❺ 다시 크림으로 덮는다. 크림은 중앙을 두껍게 올린다는 느낌으로 덮고, 모서리 끝까지 덮지 않는다.
❻ 빵을 얹고, 깔아두었던 랩으로 샌드위치를 감싼 후 냉장고에 30분 정도 둔다.
❼ 모양이 잡힌 샌드위치를 칼로 자른다.

TIP 딸기 외에 바나나, 키위, 복숭아 등을 넣어도 좋아요!

생딸기 우유

❶ 딸기를 칼로 다진 후 볼에 담는다.
❷ 비닐장갑을 끼고 딸기를 손으로 으깨어 즙을 낸다.
❸ ❷에 분량의 설탕과 연유를 넣어 잘 섞는다.
❹ 컵에 완성된 딸기 액기스를 담고 우유를 부어 잘 섞는다.
＊ 씹히는 정도와 당도는 취향껏 조절해 주세요!

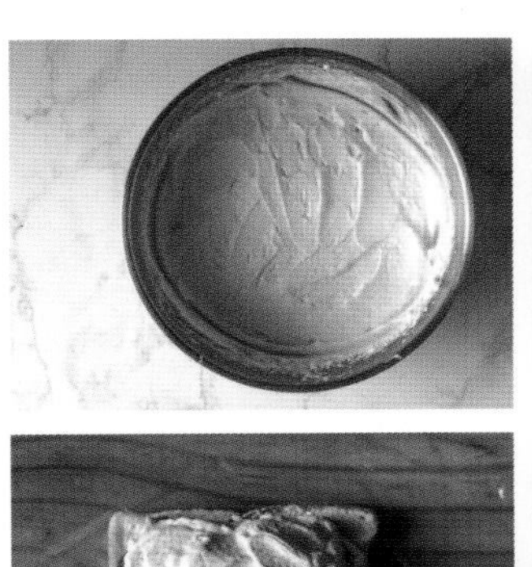

새댁의 간단한 아침 때우기

타프나드 감자

올리브를 좋아해서 타프나드를 만들어 두고,
빵에 발라 먹거나 채소를 찍어 먹는다.
혼자 먹는 아침, 오늘은 감자가 많아
익힌 감자에 타프나드를 함께 먹는다.

역시 남편과 함께 먹어야 더 맛있군!

재료

- 올리브 100g
- 마늘 3~4개
- 올리브오일 6T
- 케이퍼 2t
- 후추 1/2t
- 레몬즙 2t
- 오레가노 또는 바질가루 약간
- 엔쵸비 5g
- 소금&후추 한 꼬집
- 썬드라이 토마토 10g(선택)

만들기

❶ 모든 재료를 믹서기에 넣고 곱게 갈아 준다.
❷ 올리브오일과 레몬즙은 원하는 농도에 따라 가감한다.
(허브류는 가루가 아닌 잎 형태로 넣어 갈아도 됩니다.)

TIP 바게트나 크래커에 발라 먹거나 채소를 찍어 먹는 딥으로도 좋아요.

타프나드 감자

- 감자 1개
- 계란 1개
- 타프나드 3T(취향껏)
- 쪽파 약간(선택)

만들기

❶ 감자를 0.2cm로 얇게 자르고, 후라이팬에 오일을 둘러 익힌다.
❷ 감자가 다 익으면 불을 끄고, 타프나드를 넣어 감자와 버무리듯 바른다.
❸ 감자를 조금씩 밀어 공간을 만들고, 그 공간에 계란후라이를 하는 것처럼 계란을 익힌다.
(잔열로 익히는 반숙 계란이 싫다면 불을 켜서 익혀 주세요.)
❹ 소금, 후추를 뿌려 간한다.

허기를 못 참는 다이어터 남편

머쉬룸 렌틸 스프

회사를 그만두고 앉아 있는 시간이 늘다 보니 몸무게가 10kg 가까이 찐 남편.
다이어트를 한다는데, 배고픈 것을 참기 힘들어하는 걸 잘 안다.
그래서 가볍지만 영양가 있게 먹을 수 있는 스프를 준비했다.
그나저나 치즈 듬뿍 들고 짭조름한 스프를 먹을 때랑 표정이 다르다.
역시 애기 입맛 남편이다.

* 렌틸콩은 단백질과 식이섬유가 풍부해요!

재료

- 양송이버섯 7개
- 표고버섯 3개
- 렌틸콩 50g
- 양파 1/2개
- 다진 마늘 0.5T
- 채소 육수(또는 물) 400ml
- 우유 2T
- 올리브유 1T
- 버터 1T
- 소금&후추
- 파마산 치즈 또는
  그라나 파다노 치즈 약간

* 채소 육수는 육수 만들기 15p를 참고해 주세요.

만들기

❶ 렌틸콩은 깨끗하게 씻어 끓는 물에 10분 가량 삶은 후 건져 둔다.
❷ 마늘은 편으로 썰거나 칼등으로 으깨어 두고, 양파는 채썰어 둔다.
❸ 냄비에 올리브유와 버터를 두르고, 양파와 마늘을 볶다가 향이 오르면 버섯을 넣어 함께 볶는다.
❹ 버섯이 흐물흐물하게 푹 익으면 채소 육수와 렌틸콩, 우유를 넣고 5분 이상 끓인다.
❺ 불을 끄고, 곱게 갈아 준다.
❻ 한소끔 더 끓이며 소금과 후추, 치즈를 넣어 마무리한다.

STAUB

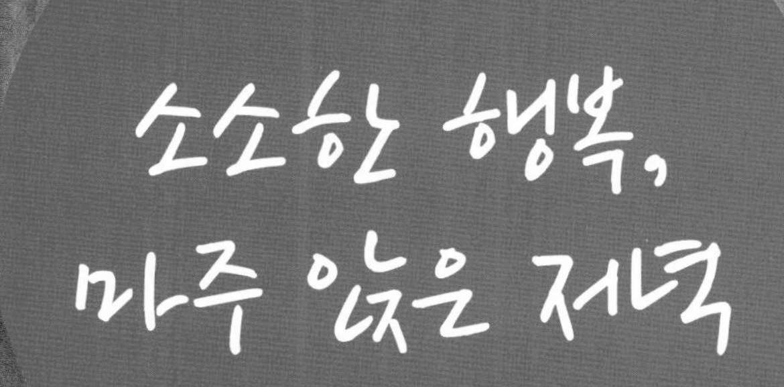
소소한 행복,
마주 앉은 저녁

남편의 입맛 잡는 밥도둑

고추장 더덕구이

친정집에만 가면 두 손을 무겁게 하고 돌아오는 딸이 나오는 광고를 본 적이 있다. 그야말로 엄마 아빠의 영원한 딸 도둑.

결혼 전에는 '왜 저렇게 뭘 가져오지?'하고 생각했는데, 어느새 내가 그 광고의 주인공이 되어 있다.

오늘은 집에서 더덕을 듬뿍 얻어 왔다.
고추장 양념으로 구운 더덕구이는 남편이 좋아하는 밥도둑이니까.
이제 잠시 더덕 껍질을 벗기는 무념무상의 시간 속으로 …

더덕 손질법

❶ 더덕은 흐르는 물에 잘 씻어 흙, 이물질 등을 제거한다.
❷ 끓는 물에 소금을 넣고, 더덕을 10~15초 정도 데친다.
(두꺼운 더덕은 30초 내외로 데친다.)
❸ 살짝 데친 더덕을 찬물에 헹군 후 뇌두 부분을 자른다.
❹ 손질된 더덕은 세로로 칼집을 내고 껍질을 돌려서 제거한다.
❺ 더덕을 반으로 가르고, 밀대로 살짝 밀거나 방망이로 자근자근 두들긴다.

* 더덕은 반으로 완전히 자르지 않고, 반으로 갈라만 주는 것이 구울 때 편하고 보기도 좋아요.

- 더덕 300g
- 통깨 약간
- 송송 썬 쪽파 약간(선택)

유장

- 간장 1T
- 참기름 2T

양념장

- 고추장 2T
- 간장 2T
- 맛술 3T
- 참기름 3T
- 꿀 2T
- 고춧가루 1T
- 다진 마늘 1T

❶ 더덕을 잘 손질한다(더덕 손질법 참조).
❷ 손질된 더덕은 유장을 넣고 버무린 후 10~15분 정도 재어둔다.
❸ 후라이팬에 호일을 깔고, 참기름을 약간만 바른 후 재어둔 더덕을 약불에서 앞뒤로 살짝 애벌구이한다.
❹ 애벌구이 한 더덕에 양념장을 앞뒤로 2~3회 발라가며 익힌다.
❺ 접시에 담아 통깨, 쪽파 등으로 마무리한다.

* 후라이팬에 호일을 깔고 구우면 팬을 깔끔하게 사용할 수 있어요!
* 더덕구이는 계속 약불로 은근하게 구워야 타지 않고 맛있어요!
* 시중에 깐 더덕도 많이 팔고 있으니 더욱 쉽게 만들 수 있겠죠!

자취생은 꿈꿀 수 없었던

시래기 묵은지 찜

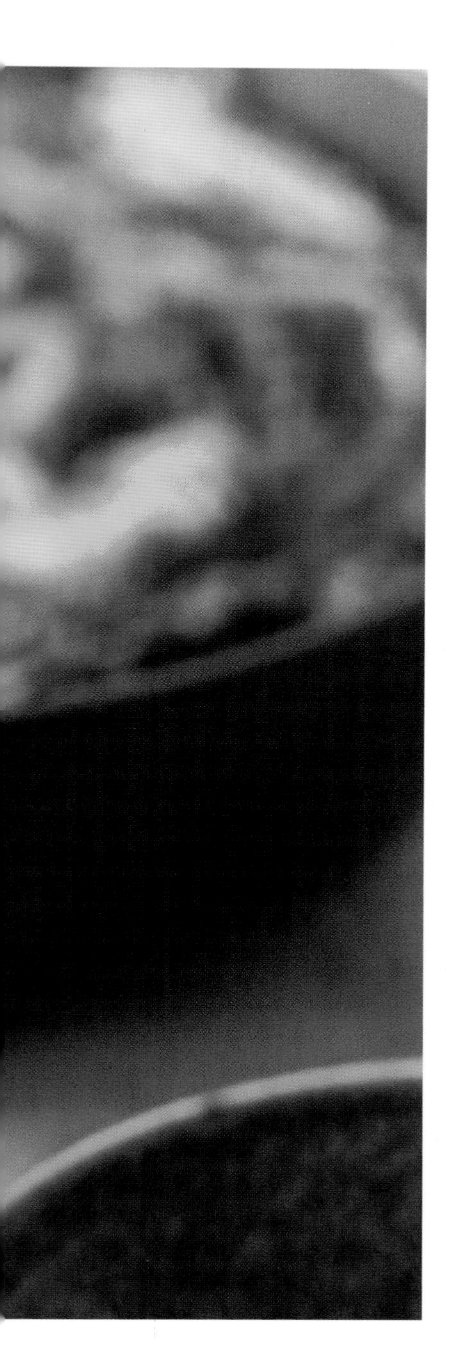

마트에 갔더니 잘 말린 시래기가 눈에 띄었다.
시래기를 집어 달라는 말에 남편이 말한다.

"내가 시래기를 사게 되다니…, 난 이런 걸 본 적도 사본 적도 없어."
당연히 그랬을 것이다. 자취 10년 차가 되던 해에 결혼한 남편은
집에서 요리를 해본 적이 없는 진정한 자취남이었다.

푹푹 삶은 뜨끈한 시래기 묵은지가 얼마나 맛있는지 알려 주어야겠다.

TIP 시래기는 무의 줄기와 잎을 말린 것이고, 우거지는 배춧잎을 말린 거예요!
비타민과 식이 섬유소가 풍부한 시래기로 푸짐하게 한 끼 하세요!

- 멸치 다시마 육수 900ml
- 시래기 250g
- 묵은지 1/4포기
- 돼지고기 250g
- 대파 약간

양념장

- 국간장 2T
- 다진 마늘 1.5T
- 고춧가루 2T
- 된장 1T
- 들기름 2T
- 들깨가루 1T
- 고추장 1/2T
- 매실액 1T
- 후춧가루 약간

만들기

❶ 분량의 양념장을 잘 섞어 둔다.

❷ 냄비에 손질한 시래기와 김치를 넣고, 육수 900ml를 부어 끓인다.
(시래기 손질 법 참고 / 김치는 소만 가볍게 털어주세요.)

❸ ❷가 끓어오르면 양념장을 넣고 5분 정도 끓인다.

❹ 돼지고기를 넣고 뚜껑을 닫은 후 중불에서 10분 정도, 약불에서 10분 정도 끓인다.
(오래 끓이기 때문에 돼지고기는 큼직큼직하게 써는 것이 좋아요!)

❺ 송송 썬 대파와 고추를 얹어 마무리한다.
(집마다 김치의 간이 다르기 때문에 중간에 국물 간을 보시고, 국간장과 물을 가감하세요!)

말린 시래기 손질하기

❶ 흐르는 물에 말린 시래기를 살살 씻어 표면의 이물질을 제거한다.
❷ 시래기가 잠길 만큼 충분한 물에 담가 불린다.
찬물이면 반나절 정도, 뜨거운 물이면 1시간 정도 불린다.

TIP 중간마다 1~2회 정도 물을 갈아주며 위아래를 섞어 주세요!

❸ 불린 시래기를 냄비에 넣고 30~40분가량 충분히 삶는다.
❹ 불을 끄고 30분 정도 그 상태로 담가둔다.
❺ 삶아진 시래기는 충분히 씻어 준다.
❻ 칼을 이용해 끝부분에서 섬유질 껍질을 벗긴다.

TIP 한 번 손질한 시래기는 지퍼백에 소분하여 냉동실에 보관해 주세요!
그때그때 소분된 시래기를 꺼내 요리하면 편하답니다!
지퍼백에 시래기 무게를 써놓으면 더욱 좋겠죠?

당신이 좋다면 마음을 담아

마늘 명란 보쌈과 무김치

내 생일은 몰라도 남편의 생일상은 꼭 집에서 차려주고 싶다.

"생일인데 뭐 먹고 싶어?"

"음~ 보쌈"

"겨우 보쌈?"

"겨우라니, 나 보쌈 엄청 좋아하잖아~"

무언가 근사하게 한 상 차리고 싶은데, 아마도 회사 일로 한창 바쁜 내 처지를 의식한 것 같다. 특별히 마늘과 명란을 섞어 소스를 만들고, 식감 때문에 김치보다 더 좋아하는 꼬독꼬독 보쌈 무김치를 곁들인다. 소박하지만 하나하나 마음을 담아 차리는 밥상. 결혼하고 벌써 2번째 생일이다.

축하하고, 축복해 남편!

- 통삼겹살 600~650g
- 물 1L
- 재래 된장 3T
- 생강 1개
- 양파 1/2개
- 대파 초록 잎 부분 15cm 길이 4개
- 통마늘 4개
- 청주 100ml
- 사과 1/2개
- 통후추 약간
- 월계수 잎 1장
- 대파 뿌리 3~4개(생략 가능)
- 양파 1개분 껍질(생략 가능)
- 새우젓 1T(생략 가능)

마늘 명란 소스 재료

- 포도씨유 1t
- 다진 마늘 1T
- 명란 1T
- 꿀 1/2T

보쌈 무김치 재료

절임 재료

- 무 400g
- 소금 0.5T
- 쌀엿(또는 물엿) 3T

양념 재료

- 고춧가루 2T
- 멸치액젓 2t
- 다진 마늘 1T
- 매실액 1T
- 올리고당 1T
- 통깨 1T

만들기

보쌈 만들기

❶ 돼지고기와 모든 재료를 넣고 뚜껑을 연 채로 끓어 오를 때까지 끓인다.
❷ 끓어 오르면 뚜껑을 덮어 45~50분 정도 끓이고, 젓가락으로 찔러 핏물이 나오는지 확인한다.
❸ 핏물이 나오지 않으면 고기를 건져 먹기 좋게 자른다.
❹ 칼을 이용하여 접시에 그대로 옮겨 둥글게 세팅한다. (하나씩 옮겨 담으면 모양이 헝클어집니다.)

마늘 명란 소스 만들기

❶ 기름을 두르고, 다진 마늘을 1분 정도 살짝 볶아 매운 맛을 날린 후 불을 끈다.
❷ 명란은 칼등으로 껍질을 살살 벗긴 후 다진 마늘과 꿀을 넣어 섞는다.
❸ 보쌈 위에 얹거나 옆에 세팅하여 곁들인다.

보쌈 무김치 만들기

❶ 무를 0.8~0.9cm 두께로 두껍게 채 썬 후 소금과 쌀엿을 넣어 약 1시간~1시간 30분 정도 절인다.(중간에 한두 번 뒤적여 주세요!)
❷ 절여진 무는 꽉 짜서 물기를 제거한다.(헹구지 않아요!)
❸ 고춧가루 1T를 먼저 넣어 무친 후 10분 정도 둔다. 이후 액젓, 다진 마늘, 매실액, 올리고당, 나머지 고춧가루1T를 넣고 다시 한 번 무친다.(고춧가루를 먼저 넣고 다시 무치면 조금 더 빨간 무김치를 만들 수 있어요.)

감기 걸린 날 칼칼한

굴 순두부찌개

"음식물 쓰레기 버리고 올게!"
"겉옷 입고 가야지."
"괜찮아, 바로 앞인데 뭐."

매번 쓰레기를 버리러 나갈 때마다 반복되는 대화…
결국 내 말을 듣지 않아 감기에 걸린 남편.
오늘은 뜨끈하고 칼칼한 찌개다.
싱싱한 굴을 넣고, 순두부 쑹덩쑹덩.
어서 먹고 낫기를, 그리고 이제부터는 내 말을 듣기를.

- 굴 80g
- 순두부 1/2개
- 표고버섯 1개
- 고춧가루 1T
- 고추기름 1T
- 다진 마늘 1/2T
- 다시마 육수 또는 물 200ml
- 양파 1/4개
- 새우젓 1/2~1t
- 국간장 1t
- 대파 약간
- 홍고추 약간(선택)

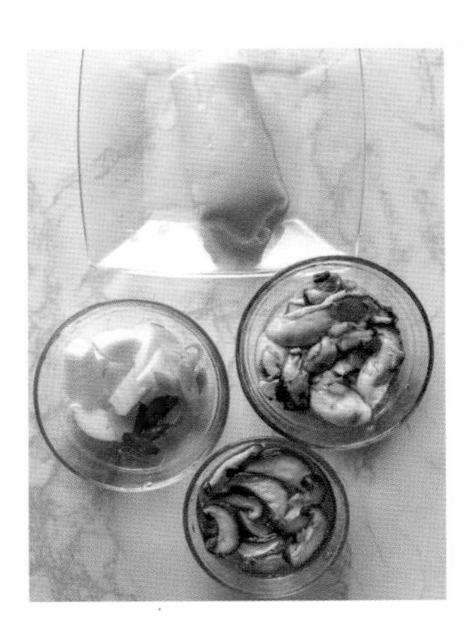

만들기

❶ 순두부는 소금을 살짝 뿌려 물기를 빼둔다.
❷ 고추기름을 두른 후 다진 마늘, 양파, 고춧가루를 볶는다.
❸ 양파가 반 이상 익으면 육수, 새우젓, 국간장을 넣는다.
❹ 육수가 끓어오르면 순두부, 굴, 버섯을 넣어 끓인다.
❺ 굴이 익으면 대파와 홍고추를 넣어 마무리한다.

서로를 채워주는 기쁨이

발사믹 스터프드 치킨

나는 닭 가슴살을 그다지 즐기지 않고, 남편은 발사믹이나 썬드라이 토마토 같은 재료와 친하지 않다. 그런데 남편이 좋아하는 닭 가슴살에 내가 좋아하는 재료들을 섞으니 서로 조화를 잘 이룬다. 우리는 서로 다른 성향을 가지고 있지만 부족한 점을 채워주고, 매력을 느끼며 살아가다 보니 하루하루가 밋밋하지 않고 재미있게 채워진다.

결혼을 하니 각자의 삶이 더 풍성해졌다.

- 닭 가슴살 2덩이
- 토마토 1개
- 썬드라이 토마토 10g
- 바질 5~6g
- 모차렐라 슬라이스 치즈 2~3장
- 오레가노 파우더
- 소금&후추 약간씩
- 올리브유

소스

- 발사믹 식초 3T
- 맛술 1T
- 다진 마늘 1T
- 꿀 1/2T

만들기

❶ 닭 가슴살은 중앙을 반으로 가른다.(끝까지 자르지 않는다.)
❷ 소금, 후추, 오레가노를 골고루 뿌려 밑간을 한 후 올리브오일을 충분히 발라 10분간 둔다.
❸ 닭 가슴살을 펼쳐 한 면에 토마토, 치즈, 바질, 썬드라이 토마토를 차곡차곡 얹은 후 남은 한 면으로 덮는다.
❹ 분량의 재료를 잘 섞어 소스를 준비한다.
❺ 팬에 오일을 두른 후 중불에서 겉면이 노릇해질 때까지 굽는다.
❻ 양면이 갈색으로 구워지면 소스를 넣고, 약불에서 소스를 끼얹으며 속까지 잘 익힌다.

TIP 플레이팅할 때 프라이팬에 남은 소스를 닭고기 위에 모두 끼얹져 빵과 함께 곁들이세요! 토마토는 견과류와 함께 먹으면 리코펜 흡수가 더 잘되니 견과류가 들어간 빵이면 더 좋겠죠?

회식 다음 날 후다닥 해장을 위한

명란 순두부찌개

어찌나 회식이 많은지.
우리나라의 기업 문화까지 언급하며 혼자 열을 낸 다음날 아침.
안 깨우면 12시간도 더 잘 것 같은 남편의 얼굴이 보인다.

'회식도 일이지…, 술도 안 좋아하는데 본인이 가장 힘들겠지'하는 안쓰러운 생각에 냉장고 문을 연다.
부드럽게 넘어가는 순두부와 시원한 콩나물, 깔끔하고 감칠맛 나는 국물.
게다가 오래 익힐 재료가 없어 빠르게 완성된다.

이제 나도 출근해 볼까!

- 순두부 350g
- 명란 80g
- 다시마 육수(또는 물) 500ml
- 다진 마늘 1t
- 콩나물 100g

* 다시마 육수 14p 참조

만들기

❶ 순두부에 소금 한 꼬집을 골고루 뿌리고, 20~30분간 두어 물기를 뺀다.
❷ 명란은 큼직하게 썰어 둔다.
❸ 냄비에 다시마 육수를 넣고 끓어오르면 콩나물을 넣어 1분 정도 끓인다.
(뚜껑을 닫지 않는다.)
❹ 콩나물이 거의 익으면 순두부와 명란, 다진 마늘을 넣고 한소끔 더 끓인다.

* 저염 명란과 일반 명란은 염도의 차이가 있으니 추가로 간이 필요한 경우 새우젓을 살짝 넣어 주세요.

수다수다한 밤이 기다려져

버섯 스터프드

집에 들어가기 싫어하는 직장 상사에게 농담 반 진담 반으로
이렇게 얘기한 적이 있다.
"저는 퇴근하면 집에 빨리 가고 싶어서 뛰어가요!"

하루 중 참 행복한 시간, 스탠드 하나 켜놓고 두런두런 이야기하며
맛있는 것을 나누는 밤.
그런 밤에 어울리는 핑거 푸드. 하나씩 집어 먹으며
재잘거리는 따뜻한 밤이 나는 좋다.

- 양송이버섯 9~10개
- 크림치즈 4T
- 맛살 60g
- 파마산 치즈가루 1T
- 빵가루 약간
- 파슬리 가루(또는 바질가루)

만들기

❶ 양송이를 잘 씻어 밑동을 분리한 후 밑동을 잘게 다진다. 맛살은 잘게 찢어 다진다.
❷ 볼에 크림치즈, 치즈가루, 밑동, 맛살을 잘 섞어 둔다.
❸ 양송이 속에 ❷를 채워 넣고, 위에 빵가루를 뿌린다.
❹ 180°에서 10분가량 굽는다.
❺ 파슬리가루 또는 바질가루를 뿌려 마무리한다.

여행의 여운을 쭈욱~

삼겹살 덮밥

우리 부부는 여행하기 전 출국을 기다리는 라운지에서
기분이 가장 좋다고 입 모아 말한다.
집에 도착하면 그 설렘은 금세 아쉬움이 된다.
유난히도 좋았던 일본에서의 시간을 보내고 돌아온 다음 날,
일어나자마자 여행의 여운을 간직하고 싶다며
삼겹살 덮밥이 어떻겠냐고 조심스레 말을 건내는 남편.

'아이고, 아직 침대에 누워 있는데 벌써 먹을 생각을 하다니…'

재료

- 멸치 다시마 육수 1L
- 양파 1/2개
- 대파 12cm 1대
- 생강 1개
- 통마늘 3개
- 월계수 잎 1장(선택)
- 간장 70ml
- 맛술 50ml
- 설탕 4T
- 삼겹살 600g
- 양파 1/2개

소스 및 토핑

- 전분물 3~4T
- 꽈리고추 3~4개
- 당근 또는 깻잎 등 채소 약간
- 대파 약간
- 반숙 계란 2개 또는 계란 노른자 2개

만들기

❶ 멸치 다시마 육수를 준비한다(14p 참조).
❷ 꽈리고추, 당근 등 토핑용 채소는 따로 후라이팬에서 익혀 준비한다.
❸ 돼지고기는 센 불에서 겉면만 갈색으로 익힌다.
❹ 끓여놓은 멸치육수에 대파, 양파, 생강, 통마늘, 월계수 잎 그리고 삼겹살을 넣는다.
❺ 한소끔 끓자마자 간장, 맛술, 설탕을 넣고 20분 정도 함께 끓인다.
❻ 삼겹살은 건져서 썰어두고, 나머지 재료들은 건져 낸다.
❼ 남은 육수에 얇게 썬 양파를 넣고 끓인다.
❽ 양파가 익으면 전분물을 넣어 농도를 맞추고 마무리한다.
❾ 볼에 밥을 담고, ❽의 양파 소스, 잘라둔 삼겹살, 익힌 채소, 계란을 올려 마무리한다.

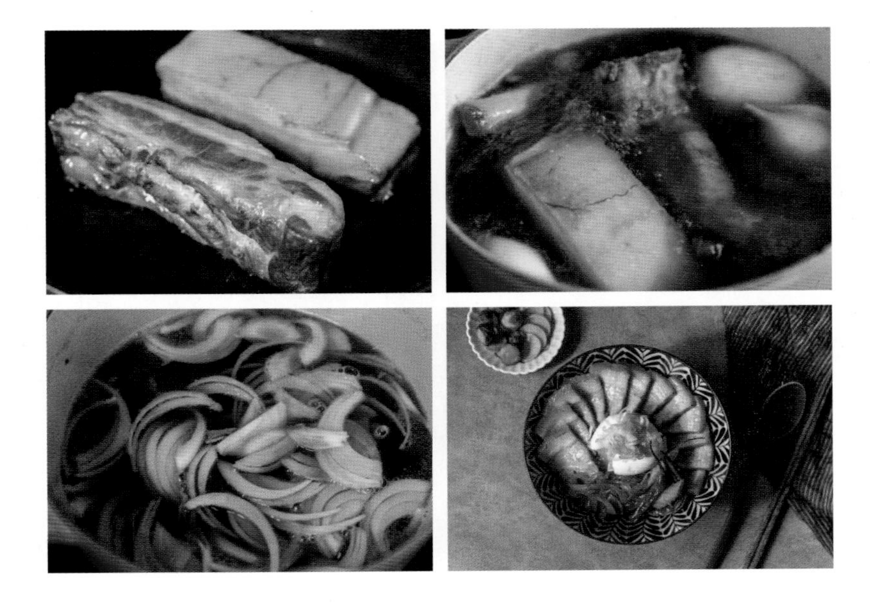

나 좀 나갔다 올게

김치 돈가스 나베

자취를 10년이나 한 남자이지만 어떻게 살았는지 의심스러울 만큼
요리를 모르는 남편.
약속이 있어 나가야 하는 날에도 끼니를 마련해놓지 않으면 마음이 불편하다.

주말 아침, 약속 때문에 정신은 없지만 냉동실에 있는 돈가스를 꺼내 후다닥
만들 수 있는 나베를 만든다. 나베는 국물 메뉴가 별도로 없어도 되고 반찬도 필요 없다.
게다가 설거지도 적으니 환송(?)을 받으며 나갈 수 있다는 사실!

재료

- 돈가스 2장
- 양파 1/2개
- 표고버섯 1개
- 멸치 다시마 육수 300~400ml
- 신 김치 130g
- 간장 1T
- 맛술 1T
- 고춧가루 1/2T
- 후추 약간
- 계란 1개
- 쪽파 약간(선택)

만들기

❶ 양파, 표고버섯은 얇게 채 썰고, 김치는 소만 살짝 털어 쫑쫑 썰어 준비한다. 계란은 2~3번만 휘휘 젓는다.

❷ 돈가스를 튀긴 후 기름을 살짝 빼고 먹기 좋은 크기로 썰어 둔다.

❸ 팬에 육수와 양파, 간장, 맛술을 넣어 끓인다.

❹ 끓어오르면 김치를 넣는다.

❺ 김치를 넣고 약 2~3분 정도 끓여 김치가 익으면, 돈가스를 얹고 풀어둔 계란을 붓는다.

❻ 계란이 다 익기 전에 불을 끄고, 쪽파를 뿌려 마무리한다.

TIP 집마다 김치의 간이 다르기 때문에 간을 추가하려면 김치 국물이나 국간장을 추가하세요!

오늘 고등어는

미소 고등어조림

이직을 하고 너무 바빴다.
주말부부처럼 얼굴을 볼까 말까 하며 지냈다.
그래도 무려 6개월 전에 예약한 여행인데 갈 수 있겠지 생각했지만,
좀처럼 일이 마무리되지 않아 결국 거금의 위약금을 내고 여행 취소를 결정하였다.
얼마만의 휴식이냐며 기대하던 남편의 모습을 떠올리니 내심 미안하다.

냉장고 속 고등어를 꺼냈다.
미안한 마음에 오늘 고등어는 남편이 좋아하는 미소된장으로 만들어야겠다는 생각이 든다.

재료

- 고등어 4도막
- 물 300ml
- 청주 120ml
- 맛술 40ml
- 설탕 2T
- 미소된장 3T
- 생강 20g
- 대파 흰 부분 2개(6~7cm)
- 무 50g
- 당근 약간

만들기

1. 고등어는 표면에 칼집을 내고, 끓기 직전의 뜨거운 물을 부은 후 찬물에 헹군다(비린내 제거).
2. 생강은 얇게 편으로, 무는 0.5cm 두께로 썬다.
   대파는 6~7cm 길이로 썬 후 사선으로 칼집을 낸다. 당근은 0.3cm 정도로 썰어 둔다.
3. 냄비에 고등어 표면이 위쪽을 향하게 놓고, 물, 청주, 맛술, 설탕, 생강, 무, 당근을 넣어 끓인다.
4. 한소끔 끓으면 미소된장을 덜어둔 종지에 냄비 안의 물을 몇 스푼 넣어 잘 개어준 다음 다시 냄비에 넣는다.

TIP 다른 고등어 요리를 할 때도 ❶번의 방법으로 비린내를 제거해 주세요!
미소된장을 냄비에 바로 넣고 풀면 생선이 부서질 수 있으니 냄비의 물을 덜어서 풀어 주세요.

가끔은 담백하게

닭 가슴살 더덕무침

같은 반찬을 두 번 연속해서 먹는 것을 별로 좋아하지 않는다.
어릴 때부터 매끼 다른 메뉴를 차려준 엄마 때문이겠지.

남편은 나와 함께 사는 덕분에 자연스레 호강 아닌 호강을 한다.
삼시 세끼 같은 음식을 주어도 불평 한마디 안 할 사람이지만…

오늘은 구이를 만들고 남은 더덕이 담백하게 밥상에 오른다.

재료

- 더덕 70g
- 닭 가슴살 1덩이
- 피망 1/2개
- 사과 1/4개
- 적양파 1/4개

드레싱

- 두부 1/4모
- 참깨 2T
- 우유 2T
- 꿀 1T
- 식초 2t
- 간장 1t
- 다진 마늘 1t
- 참기름 1t
- 소금 두 꼬집

만들기

❶ 더덕은 손질하여 손으로 얇게 찢어서 준비한다.

❷ 닭 가슴살은 닭고기가 잠길 만큼의 물과 굵은소금 약간을 넣어 삶은 후 먹기 좋은 크기로 찢어 둔다.
(닭고기의 냄새에 예민하다면 대파 약간과 통마늘1~2개를 넣어 함께 삶아 주세요.)

❸ 피망, 사과, 적양파는 얇게 채 썬다.(사진에서는 미니 사과를 사용했으나 일반 사과를 사용할 경우 채를 썹니다!)

❹ 분량의 드레싱 재료를 모두 넣어 믹서기로 잘 갈아 준다.

❺ 더덕, 채소, 드레싱을 골고루 버무린다.

＊ 부드러운 닭 가슴살을 원한다면 158p를 참고하세요!

＊ 사용하고 남은 더덕은 뇌두 부분을 자르고, 키친타월로 싸서 지퍼백에 담아 보관하세요!

간단하게 만드는 더덕밥

냄비 밥을 하기 귀찮다면 이렇게 해보세요.

만들기

❶ 단호박을 전자렌지에 돌려서 익힌 후 속을 판다.
❷ 단호박 속에 콩밥을 넣고, 찢은 유장으로 무친 더덕(참기름과 간장 2:1 비율로 무침)을 위에 올린 후 살짝 찐다.

* 밥과 호박이 모두 익었기 때문에 5분 내외로 살짝 쪄도 됩니다!

❸ 대추, 은행 등으로 고명을 얹는다.

* 더덕에는 단백질이 많이 함유되지 않아 단백질이 포함된 음식과 함께 하면 더욱 좋아요. 쌀밥보다는 콩밥이 좋겠죠!

당신이 좋다면 마음을 담아

반찬 8종

카톡!

"아싸, 오늘 칼퇴 성공! 오빠는?"

"난 조금 늦어 8시는 넘을 것 같은데…"

"기다릴게. 근데 오늘 반찬이 없네 ㅠㅠ"

"치킨시킬까? 힘든데 대충 먹자"

"아니야. 오늘 일찍 가니까 금방 반찬 한두 개 하지 뭐~"

만들어둔 반찬은커녕 엄마가 해다 주신 마른 반찬들도 없다.
다행히 남편보다 일찍 퇴근해 반찬 한두 가지 만들 여유는 있다.
집 앞 슈퍼에서 쉽게 살 수 있는 재료들로
신선한 반찬 한두 개를 밥상에 더한다.

1. 무침 반찬

연근 브로콜리 무침

- 브로콜리 1/2개
- 연근 1개(작은 것)

양념장

- 마요네즈 40g
- 부순 깨 20g
- 설탕 10g
- 와사비 0.5~1.2t(재량)
- 소금, 후추 약간

만들기

❶ 끓는 물에 소금을 넣고 브로콜리를 1분간 데친 후 찬물에 헹구어 물기를 제거한다.

❷ 연근은 0.5cm 두께로 자른 후 식초 물에 2분 정도 데친다.(연근이 큰 경우 먹기 좋은 크기로 한두 번 더 자른다.)

❸ 분량의 양념을 잘 섞어 브로콜리, 연근과 함께 골고루 버무린다.

* 깨는 통깨가 아닌 부숴서 넣어야 고소한 소스가 됩니다!

꼬막 무침

- 꼬막 1캔(280g)
- 양파 1/4개
- 사과 1/4개
- 당근 1/5개
- 깻잎 4~5장

양념장

- 고춧가루 2T
- 간장 1T
- 올리고당 1T
- 다진 마늘 1t
- 식초 2T
- 맛술 1T
- 다진 파 1T
- 매실액 1T
- 통깨 약간

❶ 꼬막은 캔에서 건져 두고, 양파, 사과, 당근, 깻잎은 먹기 좋게 자른다.
❷ 깨를 제외한 분량의 양념은 잘 섞어 양념장을 만든 후 모든 재료와 함께 살살 무친다.
❸ 통깨를 뿌려 마무리한다.

* 사과 대신 배를 넣어도 좋아요! 달콤한 과일이 들어가면 새콤달콤 더욱 맛있답니다!

2. 조림

채소 조림

- 마른 표고버섯 20g
- 꽈리고추 10개
- 메추리알 10개
- 통마늘 5~6개
- 감자 1개(작은 것)

조림장

- 표고버섯 다시마 육수 400ml
- 간장 6T
- 맛술 4T
- 통후추 9~10알
- 설탕 1T
- 올리고당 1T
- 마른 고추 2~3개(생략 가능)

* 표고버섯 다시마 육수는 16p를 참고하세요.

만들기

❶ 불린 표고버섯은 먹기 좋게 도톰하게 썰고, 감자도 도톰하게 반달 모양으로 썰어 둔다.
❷ 꽈리고추는 이쑤시개로 구멍 1~2개를 뚫어 놓는다.
❸ 표고버섯 다시마 육수와 조림장, 마늘, 감자를 넣고 5분 정도 끓인다.
❹ ❸에 표고버섯과 메추리알을 넣고, 약불에서 감자가 완전히 익을 때까지 천천히 졸인다.
❺ 거의 졸여졌을 때 꽈리고추를 넣고, 1분 정도 더 조린 후 불을 끈다.

무 조림

- 무 1/4개(약 400g)
- 쪽파 1~2줄(생략 가능)

양념장

- 간장 3T
- 고춧가루 2T
- 맛술 2T
- 설탕 1/2T
- 다진 마늘 1/2T
- 올리고당 1T
- 멸치 다시마 육수 400ml

만들기

❶ 무를 1.3~1.4cm 두께의 부채꼴 모양으로 자른다.
❷ 분량의 양념장을 잘 섞어 둔다.
❸ 냄비에 멸치 다시마 육수를 붓고 양념장을 넣는다. 바르르 끓어오르면 무를 넣는다.
❹ 무가 익을 때까지 15분간 중약불에서 졸인다.
❺ 쪽파를 송송 썰어 뿌려 준다.

3. 볶음

양배추 숙주 볶음

- 숙주 200g
- 양배추 150g
- 참치 작은 캔(100g)
- 기름 약간

양념장

- 굴소스 1T
- 간장 1T
- 다진 마늘 1t
- 참기름 1t
- 통깨

만들기

❶ 양배추는 얇게 채 썰어 주고, 양념장은 참기름과 통깨를 제외하고 섞어 둔다.

❷ 기름을 약간 두른 후 센 불에서 양배추를 살짝 볶다가 숙주, 참치 양념을 넣고 빠르게 볶는다.

❸ 참기름과 통깨를 뿌려 마무리한다.

어묵 파프리카 볶음

- 파프리카 1/2개
- 피망 1/4개
- 양파 1/4개
- 어묵 2장

양념

- 간장 1T
- 맛술 1T
- 올리고당 1t
- 고춧가루 1t
- 참기름 1t
- 통깨

❶ 기름을 살짝 두르고, 양파를 볶다가 양파가 반쯤 투명해질 때 파프리카, 피망, 어묵을 넣고 함께 볶는다.

❷ 혼합한 양념장을 넣고 빠르게 볶은 후 마지막으로 통깨를 뿌려 마무리한다.

4. 구이

명란 두부구이

• 두부 1모

고명 양념

• 명란 30g
• 다진 마늘 1t
• 참기름 1t
• 깨 1t
• 다진 새송이 2T

만들기

❶ 두부는 물기를 충분히 제거하고, 겉면이 노릇해질 때까지 굽는다.
❷ 명란은 껍질을 벗겨 준비한다.
❸ 오일을 두르고 다진 마늘을 볶아 향이 나면, 다진 새송이를 넣고 마늘이 익을 때까지만 볶는다.
❹ 명란젓에 ❸과 깨, 참기름을 넣어 섞는다.
❺ 두부 위에 ❹를 조금씩 올린다.

새송이 고추장 구이

- 새송이 4~5개

양념장

- 고추장 2T
- 간장 1t
- 참기름 1/2T
- 매실액 1T
- 설탕 1t
- 다진 마늘 1t
- 통깨 약간

❶ 새송이를 0.8~1cm로 두툼하게 자른 후 한 면에 체크무늬로 칼집을 낸다.(칼집은 칼로 자국만 낸다는 느낌으로 살짝!)

❷ 팬에 기름을 약간 두른 후 새송이를 올리고, 윗면에 고추장 양념을 바른다.

❸ 아랫면이 익어 수분이 나오면 뒤집어 고추장 양념을 발라 익힌다.

❹ 통깨를 뿌려 마무리한다.

남편의 기력 보충! 몸보신 하는 저녁에

해신탕

직장을 다닐 때보다 더 바빠진 남편, 주말에도 도서관에 가는 남편을 따라나섰다. 옆에 앉아 책도 읽고, 일도 하면서 대학생 시절의 데이트를 떠올린다.
그때 투둑투둑…, 빨간 피가 책 위로 떨어졌다.

"엇! 피… 피다."
태어나서 코피 한 번 흘려보지 않은 나는 호들갑을 떨었지만,
남편은 "공부하는 사람이 코피도 좀 나 줘야 멋이지"하며 웃는다.

집으로 돌아오는 길, 해산물과 닭 한 마리를 집어 들었다.

- 닭 한 마리
- 통마늘 4~5개
- 황기 4~5뿌리
- 불린 찹쌀 3T
- 대추 2~3알
- 양파 1/4개(껍질 포함)
- 대파 잎 부분 10cm 2~3개
- 생강 1톨(마늘 크기)
- 물 2L(닭이 잠길 만큼)

해산물

- 전복 3~4마리
- 낙지 1마리
- 자숙 문어 다리 2개(작은 것)
- 새우, 가리비 2~3개 등
(원하는 해산물 가감)

고명

- 계란 지단(선택)
- 부추(선택)
- 대추(선택)

만들기

❶ 냄비에 물, 황기, 남은 대추알과 마늘, 대파, 양파, 닭을 넣고 센 불에서 10분 정도 끓이다가 불순물을 건진다.
❷ 중불에서 20분을 더 끓인다.
❸ 전복은 이빨을 제거하고 칼집을 넣는다. 낙지는 내장, 입, 눈을 제거하고 밀가루로 박박 문질러 깨끗하게 손질해 둔다.
❹ 전복, 문어 다리, 새우, 가리비를 넣고 3~4분 정도 끓이고, 낙지를 넣어 1~2분여 더 끓여 마무리한다.
(해산물은 오래 익히면 질겨지기 때문에 마지막에 넣어요!)
❺ 부추, 계란지단, 대추 등으로 취향껏 고명을 얹는다.
❻ 대추는 반으로 갈라서 씨를 제거하고 돌돌 말아 잘라 얹는다.

닭 손질 및 닭 속 채우기

❶ 흐르는 물에 닭 속의 내장 부위까지 훑어가며 깨끗하게 씻는다.
❷ 닭의 꽁지 부분, 날개 끝 한 마디, 목을 자른다.
❸ 닭 속 안에 대추 2알을 먼저 넣고, 불린 찹쌀과 마늘 2개를 넣는다.
(마늘을 편으로 썰면 국물이 더 잘 우러난다.)
❹ 닭의 다리를 서로 꼬아 조리용 실로 묶거나 다리 사이에 칼집을 넣어 그 공간으로 한 쪽 다리를 꽂아 고정시킨다.

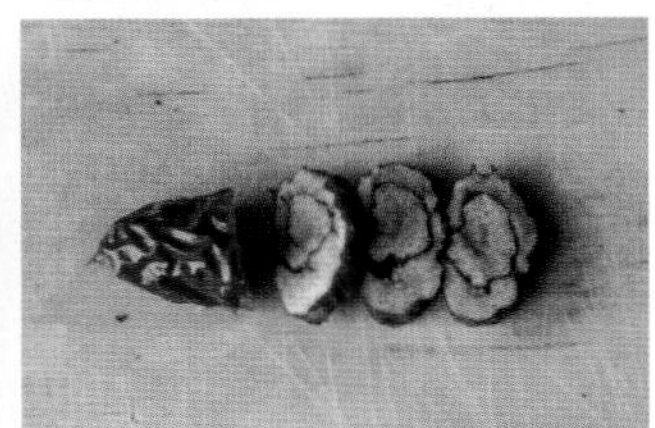

우리 첫 데이트에

닭갈비

남편은 몽골에서 봉사 활동을 하다가 처음 만났다.
소개팅에서처럼 멋지게 꾸민 모습이 아닌 민낯으로,
그것도 힘들고 궂은일을 열심히 하는 모습이 내 마음을 흔들었다.
봉사 마지막 날, 한국에서 만나기로 약속하였다.

첫 데이트, 나는 닭갈비를 먹자고 하였다.
첫 데이트 메뉴로는 잘 선택하지 않을 메뉴였지만, 한국에 오니 칼칼하면서도
밥까지 볶아 박박 긁어먹을 수 있는 것이 먹고 싶었다.

이제는 한 지붕, 같은 식탁에서 닭갈비를 먹는다.

재료

- 닭고기 370g(닭다리살)
- 양배추 150~200g
- 고구마 1개
- 대파 약간
- 깻잎
- 소금&후춧가루 한 꼬집씩
- 청주 1T
- 쌈무(선택)

양념

- 고추장 3T
- 고춧가루 4T
- 카레가루 1T
- 양파 1/2개
- 매실액 2T
- 설탕 1T
- 간장 2T
- 다진 마늘 1T
- 맛술 2T
- 생강가루(또는 생강즙, 다진 생강) 1/2t

만들기

❶ 닭고기는 기름 부위와 (기호에 따라) 껍질을 제거하여 소금, 후추, 청주를 넣고 10분간 둔다.
❷ 양배추와 고구마는 먹기 좋게 자르고, 분량의 양념은 잘 섞어 둔다.
(고구마를 너무 두껍게 자르면 익는 시간이 오래 걸려요.)
❸ 팬에 기름을 약간 두르고, 닭갈비와 고구마 그리고 양념의 1/3 정도를 넣고 볶는다.
❹ 닭고기가 반 정도 익으면, 나머지 채소와 양념을 모두 넣어 함께 볶는다.
❺ 취향에 따라 마지막에 깻잎을 잘라 넣는다.

하나하나 맞추며

오징어 돼지고기 고추장찌개

사람마다 음식에서 중요하게 생각하는 것이 있다. 남편은 식감을 매우 중요하게 생각해서 물컹거리는 것보다는 씹는 맛이 있는 것을 선호한다.

유럽으로 신혼여행을 다녀와서 집에서 먹은 첫 끼가 고추장찌개였다. 그때는 두부를 넣었지만 이제는 쫄깃한 식감을 더하기 위해 오징어를 넣는다. 이렇게 서로가 좋아하는 것, 싫어하는 것을 알아가며 서로를 배려하는 것이 결혼 생활이겠지.

이 과정이 참 기쁘다.

- 오징어 85g
- 돼지고기 100g
- 호박 1/3개
- 양파 1/4개
- 감자 1개
- 대파 약간
- 물 450ml

양념

- 고추장 2T
- 간장 1T
- 멸치 액젓 1T
- 다진 마늘 1T
- 후춧가루 약간

만들기

❶ 채소는 깍둑썰기로 썰어 두고, 돼지고기와 오징어는 비슷한 크기로 잘라 준비한다.
❷ 분량의 양념은 잘 섞어 둔다.
❸ 기름을 살짝 두르고, 돼지고기를 볶다가 감자와 호박을 넣고 함께 볶는다.
❹ 감자가 어느 정도 익으면 양파와 양념을 함께 넣어 볶는다. (양념은 타기 때문에 버무리듯 살짝 볶는다.)
❺ 물을 붓고 끓이다 끓어오르면 오징어를 넣는다. 오징어가 다 익으면 대파를 넣고 불을 끈다.

오늘은 소시지를 허락하노라

소시지 채소 덮밥

결혼을 하고 나서 자제하는 5가지.
"레토르트, 냉동식품, 라면, 소시지, 배달 음식"

다른 것은 어렵지 않은데 남편이 가끔 소시지를 그리워한다.
그럴 때면 인심 쓰듯 밀가루가 전혀 들어가지 않은 좋은 소시지를 구입한다.
그리고 소시지 김밥을 말거나 덮밥을 만드는데,
냉장고에 남은 채소를 처리하고 싶을 때는 소시지 덮밥이 제격이다.
이런 소시지 메뉴를 참 좋아하는 남편.
소박한 것에 기뻐하고, 많이 고마워하는 남편이 참 좋다.

TIP 소시지 김밥은 고추냉이, 마요네즈, 꿀을 섞은 소스를 넣으면 좋아요!

- 소시지 4개(120g)
- 양파 1/4개
- 당근 약간
- 알배추 2장
- 대파(12cm)
- 깨 약간
- 쪽파 약간(선택)

<u>소스</u>

- 스위트 칠리소스 3T
- 물 1T
- 간장 2T
- 피시소스 1T
- 맛술 1T
- 다진 마늘 1T

만들기

❶ 양파, 당근, 대파, 알배추는 채 썰고, 소스는 잘 섞어 둔다. 소시지는 원하는 크기로 먹기 좋게 자른다.
❷ 팬에 기름을 살짝 두른 후 알배추를 제외한 채소를 센 불에서 볶는다.
❸ 양파가 투명해지면 알배추와 소시지를 넣고 함께 볶는다.
❹ 채소들이 익으면 소스를 넣고 끓인 후 쪽파와 깨를 넣고 마무리한다.
❺ 밥 위에 완성된 ❹를 곁들인다.

남편에게 채소 쉽게 많이 먹이기

스키야키

남편에게 채소를 많이 먹이고 싶은 날, 채소를 손질하는 수고로움만 있다면
쉽고 맛있게 즐길 수 있다. 다양한 재료들을 풍성하게 즐기는 날은 스키야키 먹는 날이다.
각자 계란 노른자를 앞에 두고, 천천히 먹으며 이야기를 나누다 보면
쌓여있던 채소가 금세 바닥을 보인다.

세상 수많은 사람들 중에 이렇게 마주 앉아 웃으며 밥을 먹을 수 있는
소중한 사람이 있다는 것이 얼마나 다행스런 일인가.

재료 (3~4인분)

- 멸치 다시마 육수 400ml
- 가쓰오부시 한 줌
- 간장 100ml
- 청주 100ml
- 설탕 3T
- 쇠고기 샤브샤브용
- 두부 1/2모
- 청경채
- 알배추
- 버섯류(표고, 느타리, 새송이, 팽이 등)
- 깻잎순 또는 깻잎, 쑥갓 약간

소스

- 계란 노른자
- 칠리소스(시판용)
- 폰즈소스

＊ 멸치 다시마 육수는 육수 만들기 14p 를 참고해 주세요.

❶ 멸치 다시마 육수가 뜨거운 상태에서 가쓰오부시를 넣고 1분 후에 건진다.

❷ 육수에 분량의 간장, 청주, 설탕을 넣어 스키야키 소스 국물을 만들어 둔다.

❸ 갖가지 채소를 깨끗하게 손질하고, 쇠고기는 핏물을 살짝 빼면 좋다.

❹ 두부는 소금과 후추를 뿌린 후 기름을 약간 두른 팬에 노릇하게 구워 둔다.

❺ 넓고 깊지 않은 냄비에 고기와 두부 등을 조금씩 넣고, 냄비에 소스를 자박자박하게 살짝씩 부어 익힌다.

＊ 샤브샤브용 육수가 아닌 스키야키용 소스이기 때문에 간간해요!

❻ 익힌 재료를 계란 노른자에 찍어 먹는다.

가시 없는 생선을 좋아해

삼치 카레구이 & 숙주볶음

예전부터 가시를 발라먹는 생선이 식탁에 오르면 잘 먹지 않았다.
아빠를 닮아서라는 둥, 가시를 발라주는 남자를 만나면 된다는 둥
터무니없는 말들을 하면서 말이다.
지금도 마트에 가면 삼치, 고등어처럼 가시가 적은 생선에 손이 간다.

남편은 언제부터인가 가장 좋아하는 생선이 갈치에서 삼치로 바뀌었다고 한다.
아마도 내 밥공기에 생선살을 올려주느라
자기 몫을 다 먹지 못해서 그런 것 같다는 생각이 든다.

알아주는 먹보 남편, 고마워!

재료

- 삼치 반 토막(포 뜬 것)
- 소금&후추 약간
- 청주 1T
- 밀가루 1/2T
- 카레가루 1T
- 고추기름 1.5T
- 홍고추 2개
- 대파 10cm
- 다진 마늘 1/2T
- 숙주 200g

양념

- 간장 2T
- 맛술 1/2T
- 피시소스 1t
- 설탕 1/3t

만들기

❶ 삼치에 소금, 후추, 청주를 뿌려 잠시 재워 놓고, 홍고추와 대파는 어슷 썰어 둔다.
❷ 삼치 껍질에 뜨거운 물을 부어 비린 맛을 잡는다.
❸ 카레가루와 밀가루는 잘 섞어 두고, 물기를 제거한 삼치에 골고루 묻힌 후 기름을 둘러 튀긴다.
❹ 팬에 고추기름을 두르고, 대파, 다진 마늘, 홍고추를 볶아 향을 내고, 불을 높여 숙주와 양념을 함께 빠르게 볶는다.
❺ 접시에 숙주볶음과 삼치를 함께 낸다.

야식, 환상의 콤비 부부

닭고기 소바볶음

"아~ 출출하다. 그치?"

"응. 왜 이렇게 허하지!"

밤에 먹는 음식은 무엇이든 건강에 좋지 않으니 자제하자고 다짐했던 우리. 신혼 초에는 저녁을 먹고도 야식을 먹는 재미가 얼마나 쏠쏠했는지 모른다. 그렇게 쿵짝이 맞아 밤에 종종 먹었던 소바볶음.

재료 (3~4인분)

- 메밀면 100g
- 닭 가슴살 100g
- 표고버섯 2개
- 숙주 100g
- 양배추 약간(선택)
- 오일 1/2T
(식용유, 포도씨유 등)
- 쪽파 또는 대파 약간
(가니쉬 용)
- 깨 약간
- 참기름 1/2T

양념

- 간장 1T
- 굴소스 1T
- 물 3T
- 맛술 1T
- 다진 마늘 1T
- 올리고당 1T
- 고춧가루 1t
- 설탕 1t
- 후춧가루 약간

만들기

❶ 메밀면은 제품 뒷면을 참조하여 삶되 1~2분 정도 덜 삶는다.
❷ 분량의 소스는 잘 섞어 둔다.
❸ 표고버섯은 얇게 슬라이스하고, 익힌 닭 가슴살은 잘게 찢어 둔다.
❹ 팬에 기름을 살짝 두르고, 삶은 메밀면과 닭 가슴살, 표고버섯, 숙주 그리고 양념을 함께 넣고 빠르게 볶는다.
❺ 양념이 골고루 잘 배어들면 불을 끄고 참기름을 한 바퀴 두른다.
❻ 접시에 음식을 담고, 다진 대파와 깨를 뿌린다.

여름 날, 남편의 입맛을 살리는

닭고기무침

더위에 취약한 남편이 입맛이 없어 보인다.
어떤 음식을 해줄까 생각하다보니 평양냉면의 맛을 잘 모르던 시절에
냉면보다 더 맛있게 먹었던 닭무침이 떠오른다.
그때의 음식을 떠올리며 남편이 좋아하는 겨자를 넣고 조물조물 무쳤다.

돌아와라 남편 입맛!!

재료

- 닭 가슴살 2덩이
- 오이 1개
- 양파 1/2개
- 콩나물 80g
- 쌈무 5장

양념

- 식초 3T
- 고춧가루 2T
- 매실액 1T
- 설탕 1T
- 다진 마늘 1/2T
- 간장 1T
- 연겨자 1~1.5t(취향껏)
- 통깨 약간

오이 절이기

- 쌀엿(또는 물엿) 3T
- 소금 1.5t

만들기

❶ 오이는 반을 갈라 비스듬히 어슷썰기 하여 쌀엿(또는 물엿)과 소금을 뿌리고, 오이에서 물기가 나올 때까지 40~50분 정도 둔다.
(오이의 수분을 빼면 꼬독꼬독한 식감을 느낄 수 있어요! 보쌈 무김치를 만들 때와 동일한 원리!)

❷ 수분이 나온 오이는 꽉 짜서 준비한다.
(헹구지 않아도 돼요!)

❸ 익힌 닭 가슴살은 먹기 좋은 크기로 찢어서 식혀 둔다.
(차갑게 두면 더욱 좋아요.)

❹ 양파는 채 썰어 물에 잠시 담가 매운 맛을 제거하고, 쌈무는 먹기 좋은 크기로 자른다.

❺ 콩나물은 끓는 물에 소금을 살짝 넣고, 1~2분 정도 뚜껑을 연 채로 삶은 후 찬물로 씻어 둔다.

❻ 분량의 양념을 잘 섞고, 모든 재료와 함께 무친다.

산책길, 한 봉지로 한 끼

봄나물 무침과 불고기

"사부작사부작 산책갔다 올까?"

남편의 말에 집 근처 작은 시장에 갔다.
봄나물이 가득한 바구니들이 이곳저곳에서 눈에 띈다. 가격도 착하고 제철 향을 느낄 수 있어서 좋아하는 봄나물들을 사서 돌아왔다.
고기 한 점에 봄나물 무침을 입안 가득히 넣으니 내 입속에 봄이 왔다.

재료

불고기

- 돼지고기(앞다리살) 600g
- 대파 1~2대

양념

- 간장 3T
- 맛술 3T
- 매실청 1T
- 참기름 1T
- 다진 생강 1/2T
  (또는 생강가루 1/2T)
- 다진 마늘 1T
- 조청 또는 쌀엿 1T
- 설탕 1/2T
- 후춧가루 1/2t

봄나물 무침

- 봄나물(달래, 돈나물, 유채 등) 300g
- 깻잎 4~5장

양념

- 고춧가루 2T
- 식초 1T
- 간장 1T
- 멸치액젓 1T
- 다진 마늘 1/2T
- 통깨 1T
- 참기름 1t

만들기

불고기

❶ 돼지고기를 재어둘 양념을 잘 혼합한다.
❷ 돼지고기는 먹기 좋은 크기로 자른 후 양념에 잘 버무려 20~30분간 재어 둔다.
❸ 대파는 어슷썰기로 썰어 둔다.
❹ 팬에 돼지고기를 볶다가 거의 다 익으면 대파를 넣고 마무리한다.

봄나물 무침

❶ 분량의 양념장은 잘 섞어 둔다.
❷ 봄나물은 흐르는 물에 잘 씻는다.

TIP 유채는 먹기 좋은 크기로 손으로 자르고, 달래는 뿌리 쪽 둥근 부분의 껍질을 제거한다.(달래의 알뿌리가 크면 한번 툭 쳐서 으깨어 먹으면 매운 맛이 줄어요!)

❸ 볼에 봄나물을 담고, 양념장을 넣어 살살 버무린다.
❹ 통깨를 뿌려 마무리한다.

TIP 봄나물 보관 방법!

달래는 키친타월에 싸서 지퍼백에 담은 뒤 냉장 보관해 주세요!
유채는 비닐팩이나 지퍼백에 밀봉해서 채소실에 보관해 주세요!
돌나물은 밀폐 용기에 키친타월을 깔고 냉장 보관해 주세요!

고기파와 해산물파가 함께

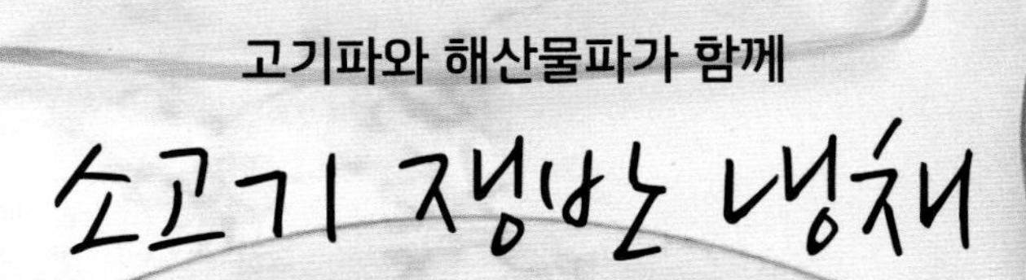

해산물이 먹고 싶은데 남편은 고기가 먹고 싶다고 할 때가 있다.
의견이 일치하지 않을 때, 기름기 없는 냉채를 저녁 메뉴로 하면 건강도 챙기고
푸짐하게 먹어도 부담이 덜하다.

재료

- 오이 1/2개
- 당근 1/4개
- 깻잎 8~10장
- 양파 1/2개
- 무순 한 줌
- 파프리카 2종 1/2개씩
- 홍고추 1개
- 크래미 4~5개
- 샤브샤브용 소고기(부챗살) 300g
- 해파리 100g
- 새우 10마리
- 깨 약간

소스

- 식초 5T
- 물 2T
- 머스터드 1.5T
- 레몬즙(레몬 1/2개)
- 간장 1T
- 설탕 2T
- 올리고당 1T
- 다진 마늘 0.5T
- 연겨자 1/2T(취향껏)

고기 밑간 양념

- 간장 1T
- 매실액 1T
- 맛술 1/2T
- 참기름 1/2T

만들기

❶ 소고기는 밑간 양념에 20분간 재워 둔다.
❷ 홍고추와 무순을 제외한 채소들을 얇게 채썰기 하고, 새우는 살짝 데쳐서 먹기 좋게 썰어 둔다.
❸ 홍고추는 얇게 포를 뜬 뒤, 가늘게 썰어 찬물에 담가 놓는다.
❹ 분량의 소스 재료는 잘 섞어 차갑게 둔다.
❺ 재워진 소고기를 구워서 깨와 홍고추를 위에 얹는다.
❻ 해파리는 소스 약간을 넣고 버무려 놓는다.
(해파리는 깨끗하게 씻어야 냄새가 나지 않아요.)
❼ 재료들을 접시에 둥글게 담는다.
❽ 먹기 전에 차가운 소스를 전체적으로 붓고, 고기에 각종 재료를 싸서 먹는다.

와인 한 잔이 적당한 밤

베이크드 카망베르

예전에 함께 와인을 배워보자고 약속했다.
지금은 편하게 즐기는 밤의 와인 한 잔.
시간이 흐를수록 둘이서 함께하는 것들이 늘어날 것 같아
더욱 기대되는 우리의 미래.
그래서인지 현재의 바쁨과 도전들을 조금은 담담히 받아들인다.

와인 한 잔 마시고 싶은 밤, 별다른 재료가 없더라도 치즈만 있다면
오븐에 간단히 돌려서 와인 타임을 가질 수 있다.

여기에 더해지는 적당한 대화와 음악…

- 카망베르 치즈 1개
- 견과류
- 메이플 시럽 또는 꿀
- 원하는 과일
- 바게트 또는 크래커

만들기

❶ 까망베르 치즈는 180°로 예열한 오븐에서 15~20분 동안 굽는다.
❷ 윗면은 살짝 잘라서 각종 견과류, 시럽, 과일 등을 얹고 곁들인다.
❸ 겉면은 속보다 단단하기 때문에 그릇처럼 퐁듀 스타일로 즐기거나 취향에 따라 함께 먹는다.

TIP 허브와 갈릭으로 즐기고 싶다면 오븐에 넣을 때부터 마늘과 허브를 치즈에 꽂듯이 얹어 굽는다.

함께여서
행복한 주말

무화과 철의 와인 안주

무화과 퀘사디아

무화과 철이 되면 SNS 피드에 어김없이 빛깔 고운 무화과 사진들이 올라온다.

"무화과를 무슨 맛으로 먹는 거야? 사진 올리려고 먹는 건가?"라는 망언을 할 정도로
무화과 맛을 모르는 남편이지만, 나는 무화과를 좋아해서
조금이라도 오래 먹을 마음으로 무화과 잼을 만들어 두곤 한다.
무화과 잼이 살짝 지겨워질 때면 냉동실에 소분해 놓은
캐러멜라이징 양파를 꺼내어 간단히 퀘사디아를 만든다.
그러면 "와인이랑 먹으면 맛있겠다"는 말과 함께 참 맛있게 잘 먹는 남편을 발견할 수 있다.

* 무화과는 단백질 분해 효소가 들어 있어서 고기와 궁합이 잘 맞아요! 무화과 잼이
  남았다면 쌈장에 조금 섞어 드셔 보세요!

재료 (퀘사디아 1개 분량)

- 또띠아 2장
- 루꼴라 7~8줄기
- 캐러멜라이징 양파 1T
- 프로슈토 3~4줄
- 그뤼에르 치즈 약간
  (없을 경우 다른 치즈 대체)

❶ 또띠아 1장에 무화과 쨈을 바른다.
❷ 다른 또띠아 1장에 캐러멜라이징한 양파를 골고루 얹는다.
❸ 그 위에 치즈, 루꼴라를 순서대로 얹는다.
❹ ❸에 무화과잼을 발라 놓은 또띠아로 덮는다.
❺ 후라이팬을 약하게 달군 후 퀘사디아를 얹어 겉면만 노릇하게 익으면 불을 끈다.

무화과 잼 만들기!

❶ 무화과는 4등분하고, 무화과와 설탕을 2:1 비율로 섞어서 20~30분 상온에 두세요!
❷ 냄비에 물 없이 약불에서 으깨며 끓이다가, 원하는 농도가 나올 때 레몬즙을 살짝 넣어 1~2분 더 끓이고 마무리해 주세요!

* 잼 농도 맞추기: 물에 한 스푼 떨어뜨려 흩어지지 않고 그대로면 완성!
* 무화과와 설탕의 2:1 비율은 많이 달지 않은 비율이니 당도는 취향껏 조절해 주세요!

늘 지금처럼만

오픈 샌드위치 4종

"어제보다 꽃이 활짝 피었어!"
"너무 예쁘다!"

아침에 일어나 보니 어제 남편이 사온 꽃이 햇살 아래 활짝 피어 있다. 기분 좋은 오늘은 홈 카페를 열어 볼까?
결혼 후 좋아하는 것들이 모두 집에 있으니 외출이 줄었다.
함께 하기에 모든 순간이 아름답고 행복한,
그렇다! 우리는 신혼이다.
먼 훗날 흰머리가 하나둘 생기는 날에도
서로의 눈을 맞추고 작은 것에 아름다움을 나누는
따뜻한 아침을 시작하는 우리가 되길.

베리베리 오픈 샌드위치

크림페이스트

- 크림치즈 2T
- 리코타치즈 4T
- 설탕(또는 꿀) 1t

* 필요한 양만큼 비율에 따라 늘여 주세요. 단맛을 좋아한다면 설탕을 더 넣어 주세요!

베리베리 오픈 샌드위치

- 빵(호밀, 바게트 등) 2조각 분량
- 딸기 8~9개
- 블루베리 20알
- 메이플 시럽 2T
- 피스타치오 한 줌
- 크림 페이스트 4T

❶ 분량의 크림치즈, 리코타치즈, 설탕을 잘 섞어 크림 페이스트를 만든다.

❷ 빵에 크림을 바르고, 2~3등분 한 딸기와 블루베리를 취향껏 얹는다.

❸ 피스타치오를 잘게 부순 후 메이플 시럽과 함께 골고루 뿌린다.

바질 쉬림프 오픈 샌드위치

- 빵(호밀, 바게트 등) 2조각 분량
- 바질 페스토 3T
- 새우 12마리
- 청주(또는 맛술) 1T
- 아보카도 1/2개
- 소금&후추 두 꼬집
- 청주 1T
- 라임즙 1T

❶ 껍질을 제거한 새우에 소금&후추 두 꼬집과 청주를 뿌리고, 바질 페스토를 버무려 10분간 둔다.

❷ 아보카도는 1cm×1cm 정도로 썰거나, 취향에 따라 으깬 후 소금, 후추, 라임즙을 뿌린다.

❸ 바질 페스토에 버무린 새우는 올리브유를 살짝 두르고 익힌다.

❹ 빵에 아보카도를 바르고, 위에 새우를 얹는다.

발사믹 버섯 오픈 샌드위치

- 빵(호밀, 바게트 등) 2조각 분량
- 양송이버섯 6개
- 발사믹 소스(발사믹 식초 1T, 꿀 1/2T, 간장 1t)
- 아보카도 1/2개
- 소금&후추
- 파프리카 파우더(선택)

❶ 아보카도는 갈변을 막기 위해 레몬즙이나 라임즙을 살짝 뿌려 둔다.
❶ 양송이버섯은 0.2~0.3cm로 도톰하게 썰고, 아보카도는 얇게 슬라이스한다.
❷ 팬에 양송이버섯을 굽다가 물기가 올라오면 발사믹 소스를 넣는다.
❸ 빵 위에 아보카도를 얹고, 소금 두 꼬집과 후추 한 꼬집을 뿌린다.
❹ 그 위에 익힌 발사믹 버섯을 얹는다.
* 취향에 따라 빵에 바질 페스토를 살짝 발라줘도 좋아요.

선드라이 토마토 바질 오픈 샌드위치

- 빵(호밀, 바게트 등) 2조각 분량
- 선드라이 토마토 4T
- 바질 페스토 2T
- 크림 페이스트 4T

❶ 빵 위에 크림 페이스트를 바른다.
❷ 그 위에 바질 페스토를 바른 후 선드라이 토마토를 얹는다.
* 선드라이 토마토는 시판용을 사용하거나, 홈메이드로 만들 경우 217p 레시피를 참고하세요!

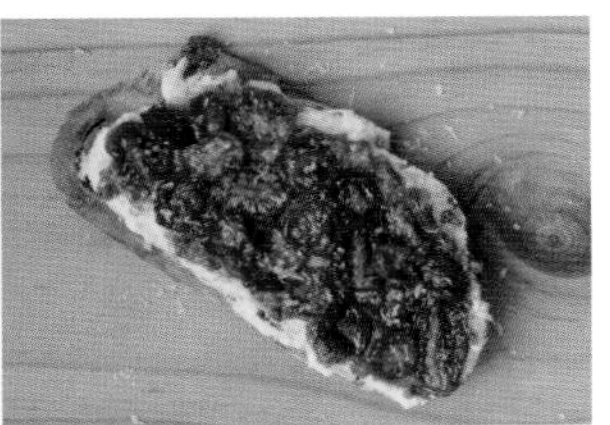

설거지 요정이 좋아하는 한 그릇 메뉴

연어소바 샐러드

자칭 설거지 요정 남편에게 설거지거리가 적은 날은
보너스 같은 날이다. 한 그릇 메뉴를 내어줄 때면
설거지거리가 적다는 것을 직감하듯
얼굴에 옅은 미소를 띤다.

오늘은 우리가 좋아하는 메밀 면에 연어구이를 곁들인다.
항상 식사 전에 고맙다고 하는 남편인데,
왠지 오늘은 더 고마운 듯하다.

연어 살점 하나 남김없이 싹싹 비운 접시를 보니
설거지는 안 해도 될 것 같은데…

- 연어 130~150g
- 당근 40g
- 호박 60g
- 메밀면 100g
- 표고버섯 2개

미소 소스

- 미소된장 1T
- 맛술 2T
- 간장 1T
- 물 2T
- 생강가루 1/2t
- 후춧가루 한 꼬집

쯔유 소스

- 쯔유 4T
- 참기름 1T
- 깨 1T
- 꿀 1t
- 다진 마늘 1t
- 피쉬소스 1t
- 식초 2t

만들기

❶ 연어는 미소 소스에 15~20분간 재어 둔다.
❷ 호박, 당근, 버섯은 얇게 채 썰어 볶는다.
❸ 면은 제품 뒷면 표기 시간에 따라 삶은 후 찬물에 살짝 헹구고, 체에 받쳐 물기를 제거한다.
❹ 삶은 면, 호박, 당근, 버섯을 쯔유 소스에 함께 버무린 후 냉장고에 10분 정도 둔다.
❺ 재어 둔 연어를 꺼내어 노릇하게 굽는다.
❻ 접시에 면을 먼저 담고, 그 위에 구운 연어를 얹는다.

친정 엄마와의 데이트

고기 쌈장&새우골뱅이 쌈장

결혼을 하면 안 좋은 점 하나, 엄마와 같이 살 수 없다는 것!

아름다운 가을이다. 가장 좋아하는 계절에 사랑하는 엄마와의 공원 데이트.
아름다운 계절을 소중한 사람과 함께 만끽한다는 것이 얼마나 감사한 일인가?
비록 화려한 도시락은 아니지만 엄마가 좋아하는 소박한 메뉴를 준비하고,
단풍 가득한 가까운 공원이면 된다.

함께하는 시간을 미루지 말자.
그 언젠가의 가을에 사무치게 그리워지지 않도록.

고기 쌈장(3~4인분)

- 된장 3T
- 고추장 1/2T
- 올리고당 1t
- 멸치 다시마 육수(또는 물) 2~3T
- 청주 1T
- 돼지고기 다짐육 100g
- 두부 1/4모
- 양파 1/4개
- 호박 1/3개
- 다진 대파 2T
- 다진 마늘 1/2T
- 후춧가루 약간
- 청양고추 1/2개(선택)
- 생강가루 약간(선택)
- 참기름 1T
- 포도씨유(또는 식용유) 1T
- 부순 깨 1t

만들기

❶ 양파와 호박은 잘게 깍둑썰기하고, 두부는 칼등으로 으깨어 물기를 제거해 둔다.

❷ 장(된장+고추장+올리고당, 청주)은 멸치 다시마 육수(또는 물)에 개어 둔다.

❸ 냄비에 참기름과 식용유를 반반씩 두르고 다진 대파와 다진 마늘을 볶아 향을 낸 후 호박, 양파, 고추를 넣어 살짝 볶는다.

❹ ❸에 개어 둔 장과 돼지고기, 생강가루, 후춧가루를 넣어 고기가 익을 때까지 볶는다.

❺ 돼지고기가 거의 다 익으면 두부를 넣어 으깨며 섞어 주고, 1분 정도 볶으면서 수분을 날린다. 불을 끈 후 깨를 뿌려 마무리한다.

골뱅이 새우 쌈장(3~4인분)

- 된장 3T
- 들기름 1T
- 포도씨유(또는 식용유) 1T
- 골뱅이 50g
- 새우 70g
- 표고버섯 2개
- 청주 1T
- 멸치 다시마 육수(또는 물) 2~3T
- 두부 1/4모
- 들깨가루 1T
- 부순 깨 약간

만들기

❶ 새우, 골뱅이, 표고버섯은 굵직하게 비슷한 크기로 다지고, 두부는 칼등으로 살짝 으깨어 물기를 제거해 둔다.

❷ 들기름과 포도씨유를 함께 두르고, 새우, 골뱅이, 표고버섯을 넣고 살짝 볶다가 된장과 청주를 넣어 함께 볶는다.

❸ ❷의 재료들이 잘 어우러지게 볶아지면 두부와 들깨가루를 넣어 잘 섞어가며 수분을 날리고, 깨를 뿌려 마무리한다.

쌈밥

쌈 채소

- 깻잎
- 배춧잎
- 케일

(이 외에 호박잎, 양배추 등 원하는 쌈 채소도 좋아요!)

밥 양념

- 밥
- 참기름
- 부순 깨(밥 두 공기에 참기름 1T, 부순 깨 1T)

만들기

쌈 채소 준비

❶ 깻잎은 소금을 약간 넣은 끓는 물에 10초 정도 담갔다 뺀 후 찬물에 바로 헹구어 물기를 제거한다.

❷ 케일은 소금을 약간 넣은 끓는 물에 15~20초 정도 담갔다 뺀 후 찬물에 바로 헹구어 물기를 제거한다.

❸ 배춧잎은 끓는 물에서 부드러워질 때까지 살짝 데친다.

쌈밥 만들기

❶ 밥에 참기름과 깨소금만 섞는다.
(쌈장이 있기 때문에 따로 간하지 않아요!)

❷ 쌈 채소를 펴고 쌈장을 넣어 쌈을 만다.

취향에 따라 쌈장을 찍어 먹거나 쌈 안에 넣어 주세요.

오늘은 피크닉 가자

피크닉 콜드 파스타 샐러드 & 샌드위치

"신혼집 근처에 공원이나 강이 있으면 좋겠어!"
우리는 피크닉과 밤마실을 좋아한다. 오늘은 짧지만 아름다운 날씨를 즐기러 소박하게 집에서 음식을 만들어 나왔다. 따스한 햇살 아래에서 천천히 음식을 먹고 음악을 듣고 자유롭게 책을 읽는다. 그리고 바람을 느끼는 부부만의 시간.

온 세상이 평화로운 것만 같은 이 순간이 참 좋다.

치킨 샌드위치

- 빵 4조각
  (샌드위치 2개 분량)
- 닭 가슴살 2덩이
- 피칸&크렌베리 25g
- 사과 1/2개(작은 것)
- 로메인 4~5장(잎채소)

소스

- 마요네즈 2T
- 플레인 요거트 4T
- 꿀 1/2T
- 레몬즙 1t
- 다진 마늘 1t
- 디종 머스터드 1/2t
- 카레가루 1t 또는
  홀스레디쉬 드레싱 1t
- 소금&후추 약간

만들기

❶ 닭고기는 익힌 후 손으로 찢어서 준비한다.
(수비드로 익힌 닭 가슴살을 이용하면 훨씬 맛있는 샌드위치를 드실 수 있어요!)

❷ 사과는 나박나박하게 썰고, 분량의 소스 재료는 잘 섞어 둔다.

❸ 볼에 닭고기와 사과, 소스, 견과류를 혼합한다.

❹ 빵 위에 로메인을 깔고, 혼합한 속 재료를 얹은 후 빵을 덮는다.

TIP

간단하게 촉촉한 수비드 닭 가슴살 만들기(두덩이 기준)

수비드(sous vide)는 밀폐된 봉지에 담긴 음식물을 약 60°C 정도의 물속에서 오랫동안 데우는 조리법이에요. 겉과 속이 골고루 가열되고, 음식물의 수분이 촉촉하게 유지됩니다. 아래 방법은 수비드 머신을 이용하지 않고 수비드 효과를 낼 수 있는 방법이에요. 삶은 닭 가슴살과는 차원이 다른 촉촉한 닭 가슴살을 맛보세요!

만들기

❶ 닭 가슴살을 반으로 저미듯 가른다.
❷ 소금, 후추를 뿌리고, 올리브유 1.5~2T를 골고루 바른 후 로즈마리 한 조각 또는 허브가루를 뿌린다.(저민 마늘이나 레몬 조각을 약간 넣어도 좋아요!)
❸ 지퍼백에 닭고기를 넣고 공기를 최대한 빼서 진공 상태로 만든다.
(진공팩, 진공 포장기 등이 있으면 사용해 주세요!)
❹ 1) 냄비 이용
① 냄비에 지퍼백이 잠길 정도의 물을 넣고, 물이 끓어오르기 전(기포가 살짝 오를 때) 지퍼백을 넣는다.
(온도계가 있으면 60~65℃가 될 때 넣어 주시고, 온도계가 없으면 손가락을 넣었을 때 1~2초 견딜 수 있는 살짝 뜨거운 정도에 넣어 주세요.)
② 온도를 계속 유지하여 40분간 둔다.
(아주 약불로 두고, 온도가 올라갈 것 같으면 찬물을 조금씩 넣어 줍니다.)
2) 밥솥 이용
① 밥솥에 60~65℃의 물을 붓고, 지퍼백을 넣는다.
② 보온 기능을 눌러 45~50분 정도 유지시킨다.

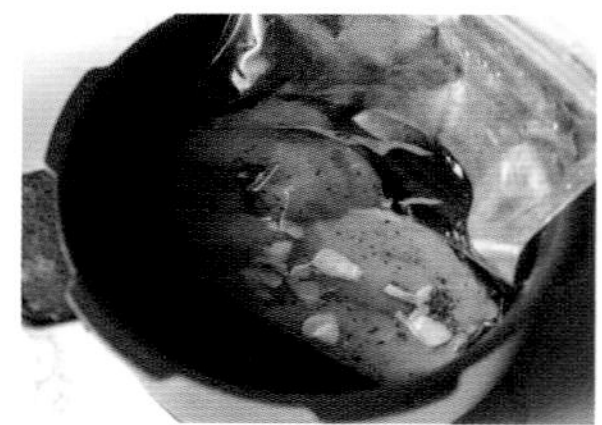

콜드 파스타 샐러드

- 푸실리 200g
- 방울토마토 10개
- 보코치니생모차렐라 125g
- 올리브 약간(선택)

바질 페스토

- 바질 20g
- 올리브오일 30ml
- 마늘 1톨
- 소금 한 꼬집
- 잣(또는 견과류) 10g
- 파르미지아노 레지아노 치즈 (또는 그라나 파다노) 10g

만들기

❶ 바질은 세척 후에 물기를 제거하고, 잣은 마른 팬에 살짝 굽는다.(고소한 맛이 올라가요!)
❷ 믹서기에 바질, 올리브오일, 마늘, 소금, 치즈를 잘 갈아 바질 페스토를 만든다.
❸ 푸실리는 소금을 넣고 끓여 익힌 후 식혀서 볼에 담는다.
❹ 방울토마토와 생모차렐라 치즈는 반으로 잘라 볼에 담고, 기름을 뺀 참치도 함께 섞는다.
❺ 모든 재료를 바질 페스토와 함께 골고루 버무린다.

장 보고 데이트하고 득템하고

연어 구이와 오렌지 살사

내가 좋아하는 마트 데이트.
"연어 50% 할인인데 살까? 신선도가 별로겠지?"
"바로 먹을 거니까 괜찮아, 담아 담아~"

맞벌이 시절에는 장을 보기 위해 늦은 저녁에 마트에 가게 되는데, 그럴 때면 종종 반값에 할인하는 품목들을 소위 '득템'하게 된다. 연어도 그중 하나다.
반값에 득템한 연어를 살사와 함께 남편에게 한 끼 차려주면, 반값 연어가 두배 값으로 변한다고나 할까.

재료

(연어 175g 2덩이 기준)

- 연어
- 소금&후추 한 꼬집
- 올리브오일 약간
- 로즈메리(생략 가능)
- 버터 1T
- 간장 1T
- 꿀 1/2T
- 오렌지즙 5T
- 다진 마늘 1t

살사소스

- 양파 1/4개
- 피망 1/4개
- 오이 1/3개
- 오렌지 1/2개
- 파프리카 1/4개
- 라임즙 1.5T
- 소금 두 꼬집
- 후추 한 꼬집
- 다진 마늘 0.5t
- 향신료 파우더 약간(선택)

만들기

연어 구이

❶ 연어는 소금, 후추, 올리브오일을 뿌리고 살짝 문질러 10분 이상 둔다.

❷ 팬에 오일을 살짝 두르고, 연어를 굽는다. 겉면이 갈색으로 변하면 뒤집는다.

❸ 반대편 면도 갈색으로 될 때 간장, 버터, 꿀, 오렌지즙, 다진 마늘을 넣고, 소스를 연어에 뿌려가며 조리듯 굽는다.

❹ 소스가 1T 정도 남으면 불을 끈다.

살사소스

❶ 양파, 피망, 오이(씨를 제거한), 파프리카, 오렌지는 잘게 다진다. 오렌지는 속살만 발라내서 다지는 것이 좋다.

❷ ❶에 소금, 후추, 다진 마늘, 라임즙, 향신료를 넣고 잘 섞어 둔다.

❸ 연어 구이와 함께 곁들여 먹는다.

* 오렌지 껍질을 포 뜨듯이 벗겨 (흰 부분 제외) 오렌지 필을 살짝 첨가하면 더 향긋하게 즐길 수 있어요!

알콩달콩 꽁냥꽁냥 신혼 놀이

리코타 수플레 팬케이크

"팬케이크 해줄까?"하고 물으면
수플레에 리코타를 넣어달라는 남편.
팬케이크에 리코타 치즈를 넣어 주었더니
이후로는 리코타 팬케이크만 주문한다.

옆에서 과일을 씻어주고,
바로바로 설거지까지 마무리하는 남편.

함께 크림을 만들고 과일을 예쁘게 올려 사진을 찍는다.
우리, 나이가 들어도 알콩달콩 이렇게 살자.

재료

- 계란 노른자 2개
- 박력분 40g
- 베이킹파우더 1g
- 우유 1T
- 플레인 요거트 1T
- 설탕 10g
- 소금 한 꼬집
- 머랭(계란 흰자 2개분, 설탕 20g)
- 리코타 치즈 3~4T(취향껏)
- 버터 약간

토핑

- 과일
- 메이플 시럽
- 슈가 파우더(생략 가능)

만들기

❶ 볼에 계란 노른자와 설탕을 넣고 가볍게 풀어준 후, 박력분과 베이킹파우더를 넣어 혼합한다.
(체에 쳐서 넣으면 더 부드러워져요!)

❷ ❶에 분량의 우유, 플레인 요거트, 소금 한 꼬집을 넣어 섞어 둔다.

❸ 다른 볼에 계란 흰자와 분량의 설탕을 10g씩 두 번에 나누어 넣고, 머랭을 친다.
(볼은 냉장고에 잠깐 넣어 차갑게 사용하면 머랭이 더 잘 만들어져요!)

❹ 머랭과 미리 만들어 놓은 반죽을 머랭이 꺼지지 않게 가볍게 혼합한다.

❺ 팬에 버터를 두르고, 반죽을 붓고, 물 1~2T를 넣고, 바로 뚜껑을 닫아 익힌다.

❻ 팬케이크가 부풀어 오르면 뚜껑을 열어 리코타치즈를 올리고, 그 위에 다시 반죽을 얹는다.

❼ 팬케이크를 뒤집고, 다시 물 1T를 넣고, 뚜껑을 닫아 익힌다.

❽ 과일 등으로 데커레이션을 하여 마무리한다.

종이 링을 만드는 과정

❶ 종이 호일을 두 번 접어 4~5cm 높이의 링을 만든다.
❷ 팬에 버터를 두르고, 링에 반죽을 1/2가량 붓는다. 그 위에 리코타 치즈를 얹은 후 다시 반죽을 부어 덮는다.(반죽은 부풀기 때문에 종이 링에 2/3까지만 부어 주세요!)
❸ 물 1~2T를 넣고, 바로 뚜껑을 닫아 익힌다. 뚜껑이 없는 경우 호일로 덮는다.
(증기로 속 안까지 익히는 과정이에요!)
❹ 2분 후 뚜껑을 열어 부풀어 있는 반죽을 확인하고, 옆면을 툭툭 쳤을 때 너무 흐물거리지 않으면 뒤집는다.
❺ 반대편도 반복하되, 물의 양과 시간을 1/2로 줄인다.
(이미 속이 한 번 익었기 때문에 반대편은 시간이 많이 필요하지 않아요.)

전은 맛있는 음식이야

새우 호박전

나에게는 이상한 승부욕이 있다.
남편이 별로 좋아하지 않는 음식을 좋아하게 만들고 싶은 욕심.
이를테면 가지 요리, 계란 국, 잡채 등을 하나씩 성공해가던 어느 날,

"명절에 먹는 전은 모두 별로지 않아?"
"왜? 전도 맛있는 음식인데~?"

전이 얼마나 맛있는 음식인지 알려주어야겠다.
시작은 무난하게 호박전부터!

재료

- 물 700ml
- 천일염 2t
- 다시마 1조각(7cm×10cm)
- 전분가루 4T
- 계란 2개

새우속

- 새우 8마리(14~15cm)
- 대파 흰 부분 5~6cm
- 파프리카 1/8개
- 맛술 1t
- 소금&후추 한 꼬집
- 홍고추 1개(선택)

만들기

❶ 호박은 0.6~0.7cm로 도톰하게 자르고, 중앙의 씨 부분인 속을 파낸다.

TIP 칼로 원형의 칼집을 한 번 내고, 수저로 파면 쉬워요!

❷ 물에 다시마와 소금을 넣고 끓인다. 끓기 시작하면 불을 끄고 다시마를 건진다.

❸ ❷에 손질한 호박을 담가 30분 정도 염지시킨다.

❹ 새우는 껍질을 제거하고 믹서기로 살짝 갈거나 칼로 잘게 다진다. 대파와 파프리카도 잘게 다져 소금, 후추, 맛술, 새우와 함께 혼합한다.

❺ 염지된 호박은 건져서 수분을 살짝 제거하고, 전분가루를 묻혀 새우 속을 넣고 겉면에 전분가루를 다시 묻힌다.

❻ 팬에 기름을 두르고, 호박을 계란물에 묻힌 후 약불에서 익힌다.
(약불에서 익혀야 호박이 잘 익는다.)

TIP 홍고추를 얹으면 보기 좋아요.

벌써 1년, 오늘은

베이비 브로콜리 크림 치킨

남편이 지나간 자리에는 늘 배려의 흔적이 남아 있다.

남편이 화장실을 다녀오면
들어갈 때 바로 신을 수 있는 위치에 신발이 놓여 있고,
요리를 하려고 할 때는
마른 그릇들을 제자리에 두어 바로 요리를 시작할 수 있다.

오늘도 여느 때와 다름없이 집에서 나갈 때는
내 소지품과 신발을 챙겨주고,
집에 들어왔을 때는 내 옷을 걸어 준다.

남편의 일상이 새삼스레 고마워지는 날,
그러고 보니 벌써 결혼한 지 1년이다.

오늘은 남편이 좋아하는 크리미하고 꾸덕꾸덕한 음식을 만든다.

재료

- 닭 가슴살 400g(3덩이)
- 닭고기 밑간 재료
  (소금&후추 두 꼬집, 청주 1T)
- 베이비 브로콜리 100g
- 양송이버섯 6개(130g)
- 드라이 토마토 한 줌(선택)
- 치킨스톡 육수 150ml
- 휘핑크림 또는 생크림 150ml
- 버터 1.5T
- 올리브유 1T
- 다진 마늘 1T
- 파마산 치즈 2T
- 체다 치즈 1장
- 바질가루 약간(선택)

TIP 조금 더 진하고 되직한 스타일로 즐기고 싶으면 육수와 크림 양을 약간씩 줄이세요!

만들기

❶ 닭 가슴살은 반으로 가른 후 밑간 재료를 뿌려 10~15분 정도 둔다.
(닭 가슴살을 익히기 쉽게 포를 뜨듯이 반으로 잘라 주세요.)

❷ 베이비 브로콜리는 끓는 물에 소금을 약간 넣고 30초 정도 데친다. 양송이버섯은 0.5cm 두께로 잘라 둔다.

❸ 팬에 버터와 기름을 두르고, 닭 가슴살을 굽는다.

❹ 겉면이 갈색으로 구워지면 닭고기를 잠시 빼 둔다. 닭고기를 구웠던 팬에 다진 마늘을 넣고 볶다가 치킨 육수와 휘핑크림, 치즈 2가지를 넣고 끓인다.

❺ 끓어오르면 버섯과 베이비 브로콜리를 넣고, 1~2분 정도 끓이다가 2/3 이상 익혀둔 닭고기와 드라이 토마토를 넣는다.
(닭고기는 미리 거의 익혀두었기 때문에 소스에 넣은 후에는 오래 끓이지 않아요.)

❻ 빵 또는 숏 파스타와 함께 곁들인다.

TIP 드라이 토마토 만들기는 217p를 참고하세요.(시판용 선드라이 토마토도 ok!)
베이비 브로콜리는 조직이 연하기 때문에 줄기까지 먹을 수 있어요. 손질할 때 길게 잘라 주세요!

오늘 도시락은 무려 튀김이야

가라아게

남편의 건강을 위해 튀기는 음식은 분기 행사처럼
가끔 만들려고 노력한다.
먹는 대로 살이 찌고, 고지혈증이 있는 남자의 아내로서
스스로 정한 규칙이랄까.
그러니 튀긴 음식을 도시락 메인 반찬으로 싸주는 날이면
아이처럼 기뻐한다.

남편은 종종 어떻게 매일 도시락을 싸줄 수 있는지 내게 묻는다.
아마도 소소하고 작은 것에도 늘 기쁨과 고마움을 표현하는 남편에
대한 고마움이 내 마음을 움직이는 것은 아닐까.

모든 것이 귀찮음보다는 즐거움으로 다가온다.

가라아게

- 닭 다리 살 500g
- 녹말가루 2컵
- 식용유(또는 튀김용 기름 가능)

양념 재료

- 달걀 흰자 2개
- 다진 생강(생강가루) 1t
- 간장 2T
- 청주 2T
- 맛술 2T
- 후춧가루 약간

만들기

❶ 닭고기를 먹기 좋게 한 입 크기로 자른다.
❷ 볼에 달걀 흰자 2개를 거품을 낸 후 생강가루, 간장, 청주, 맛술, 후춧가루를 넣어 잘 섞는다.
❸ ❷에 닭고기를 넣고, 실온에서 15분 정도 재운다.
❹ 재운 닭고기는 튀기기 직전에 녹말가루를 묻혀 170~180° 기름에서 노릇하게 튀긴다.
❺ 기름 온도를 조금 높여 한 번 더 튀기면 더욱 바삭하다.

TIP 도시락은 사과와 으깬 감자를 섞어 샐러드를 곁들이고, 구운 채소와 과일을 더했어요!

가라아게 커리

- 버터 1T
- 올리브유 1T
- 고형 카레 60g
- 양파 1.5~2개, 물 적당량
- 가니쉬: 가라아게, 그린빈 5~6개

TIP 가라아게 커리는 일본식 진한 고형 카레를 사용해야 더 맛있어요!

만들기

❶ 그린빈은 끓는 물에 소금을 약간 넣어 1~2분 정도 데쳐 둔다.(또는 기름을 두르고 살짝 볶아 둔다.)

❷ 버터와 올리브유를 두르고 얇게 자른 양파를 카라멜라이징 될 때까지 볶는다.

❸ 카라멜라이징 된 양파에 물을 넣고, 고형 카레를 넣어 잘 녹인 후 5~10분 정도 더 끓인다.
(물은 고형 카레 종류에 따라 제품 표시 사항을 참고 하세요!)

❹ 밥과 카레를 담은 후 가라아게와 익힌 그린빈을 곁들인다.

몰래 온 손님

오삼불고기

연애 시절, 남편은 내게 아무 연락 없이 우리 집 문고리에 몰래 선물을 걸려고 엘리베이터에서 12층을 눌렀다. 함께 탄 중년의 남자가 버튼을 누르지 않아 약간은 불안감을 갖고 내렸는데 그 남자가 우리 아빠였다.
생각지 않은 부모님과의 첫 식사 자리.
너도 나도 당황한 그날의 저녁 메뉴, 오삼불고기.

평범한 우리 집 식사 자리에 갑자기 나타난 손님. 처음에는 긴장하여 잘 먹지 못하다가 한두 숟가락을 먹더니 쌈까지 싸서 야무지게 잘 먹는다.
"정말 맛있습니다!"를 연발하며 허겁지겁 먹었던 자취생.
이제는 우리 집밥을 실컷 먹는 사위가 되었다.

재료

- 삽겹살 600g
- 오징어 1마리
- 양파 1/2개
- 당근 1/4개
- 애호박 1/4개
- 양배추 100g
- 대파 7~8cm
- 쌈 채소

양념

- 고추장 3T
- 고춧가루 3T
- 설탕 1T
- 간장 3T
- 매실액 3T
- 들기름 3T
- 다진 마늘 2T
- 후춧가루 1/2t
- 물 75ml

만들기

❶ 분량의 양념장을 잘 섞은 후 양념장에 삼겹살을 30분간 재어 둔다.
❷ 채소와 오징어는 원하는 크기로 썰어 둔다.
(호박은 씨 부분을 제거하고, 채소들은 비슷한 크기로 써는 것이 좋아요!)
❸ 팬에 대파를 넣고 볶아 파 향이 올라오면 ❶을 넣고 2~3분간 볶는다.
❹ ❸에 오징어와 각종 채소를 넣고 센 불에서 함께 볶는다.
(남은 양념은 볶음밥으로 즐기세요!)

TIP 상추 안에 밥을 넣어서 접시에 둘러주면 쏙쏙 집어 먹을 수 있어요!

외식에 지친 우리의 만장일치

김치 닭볶음탕

업무상 일주일에 3일 이상은 메뉴나 원료를 테스트하고, 하루 이틀 이상은 맛집이나 새로운 음식점을 찾아 시장 조사를 했었다. 사람들은 맛있는 것을 많이 먹어서 부럽다고 하지만, 누구에게나 그렇듯 일이 되어 다가올 때의 무게는 상당히 다르다. 바깥 음식을 많이 먹은 날은 집밥이 더욱 그립다.

마땅한 반찬은 없고 삼시 세끼 외식으로 때우고 싶진 않은 날, 우리가 만장일치로 결정하는 메뉴는 김치 닭볶음탕이다. 칼칼한 맛이 입맛을 당기게 하고, 달큰한 고구마와 김치를 곁들이면 그야말로 꿀맛이다.

반찬이 김치뿐이더라도 그걸로 족하다는 걸 보여주는 착한 메뉴. 퇴근길, 닭 한 마리를 들고 집으로 간다.

재료

- 닭 한 마리(닭볶음용)
- 묵은지 1/4포기
- 양파 1개
- 당근 1/3개
- 고구마(중) 1개
- 감자(소) 2개
- 대파 약간
- 식용유 약간

선택 재료

- 고추, 깻잎 약간씩

양념장

- 고추장 2T
- 고춧가루 4T
- 간장 2T
- 굴소스 1T
- 매실액 1T
- 올리고당 1T
- 청주 1T
- 마늘 1.5T
- 생강가루1t
- 후추 약간
- 물(또는 멸치 다시마 육수) 500m
- 김치 국물 50ml(중간에 간을 본 후 가감)

만들기

❶ 채소는 큼직하게 썰되, 고구마와 감자가 너무 두꺼우면 잘 익지 않는다.
❷ 김치는 소를 털어 준비하고, 양념장은 물을 제외하고 잘 섞어 준다.
❸ 닭은 찬물에 잘 씻은 후 불순물과 잡내를 제거하기 위해 끓는 물에 30~40초 정도 살짝 데치고 건진다.
(껍질은 취향에 따라 제거한다.)
❹ 식용유를 약간만 두르고, 닭과 감자, 고구마, 당근을 양념장과 함께 1~2분간 타지 않게 달달 볶는다.
❺ 냄비 한 쪽에 김치를 넣고, 물(또는 육수)을 붓고 10분 정도 뚜껑을 열고 끓인다.
❻ 감자와 고구마가 반쯤 익었을 때 양파를 넣고 뚜껑을 닫아 10~15분 정도 더 끓인다.
❼ 모든 채소가 익으면 대파, 고추 등을 넣고 마무리한다.

* 김치가 들어간 닭볶음탕에는 고구마가 잘 어울려요!

맛있는 추억 세탁

오징어순대

속초 여행을 간 김에 아바이 마을에 갔다. 갑작스레 내리는 비를 피해
급하게 들어간 식당에서 오랜만에 오징어순대를 맛보았다.
우리는 따끈하고 쫄깃하고 탱글탱글한 여러 재료들이 조화된 맛을 기대했지만,
그날은 안타깝게도 기대에 한참 못 미치는 오징어순대를 먹었다.

우리의 추억을 세탁하기 위해 오징어순대를 만들어 먹기로 했다.
김이 모락모락 오동통한 오징어를 보니 벌써부터 맛있는 기분이다.

재료

- 오징어 2마리 몸통 2개
- 돼지고기 다짐 육 100g
- 묵은지 100g
- 다진 오징어 다리 1개분
- 새우 살 70g
- 찹쌀 100g
- 표고버섯 30g(1개 정도)
- 파프리카 1/2개
- 부추 40g
- 양파 1/4개
- 대파 10g
- 밀가루 약간(오징어 몸통 속에 묻히는 용도)

양념

- 굴 소스 1t
- 후춧가루 두 꼬집
- 참기름 1t
- 꼬챙이 2개
- 계란 2개(계란물 부침용)

* 칼로리가 낮고 피로회복에 좋은 타우린이 듬뿍 든 오징어! 불투명한 흰색과 초콜릿 빛깔이 혼합되어 윤기가 나고 탄력 있는 것이 신선해요!
* 오징어는 작은 오징어가 만들기도 좋고, 한 입에 먹기도 좋아요!

만들기

❶ 찹쌀은 물에 담가 40~50분가량 불린 후 채반에 건져 물기를 제거한다.
❷ 오징어는 몸통 부분과 다리 부분을 분리하고, 몸통 속 내장을 제거해 둔다.
❸ 묵은지는 잘 씻어 물기를 제거한 후 잘게 다지고, 새우, 오징어 다리, 파프리카, 부추, 양파, 대파도 잘게 다져 둔다.
❹ 다짐 육과 나머지 재료, 양념을 모두 잘 섞는다.
❺ 팬에 아주 소량의 기름을 두른 후 2분가량 센 불에서 볶으며 수분을 날린다.
❻ 오징어 몸통 속을 밀가루를 바른 후 소를 채워 넣고, 꼬챙이로 입구를 막는다.(끝까지 채우면 소가 터지기 때문에 2/3가량 채워 주세요!)
❼ 냄비에 물과 소주를 8 : 2 비율로 넣고 충분히 끓어올라 김이 나면 15분가량 찐다.
❽ 한 김 식힌 후 도톰하게 자른다.
❾ 부침으로 먹을 때는 계란을 풀어 소금을 약간 넣은 후, 계란물을 오징어 순대에 묻혀 부친다.

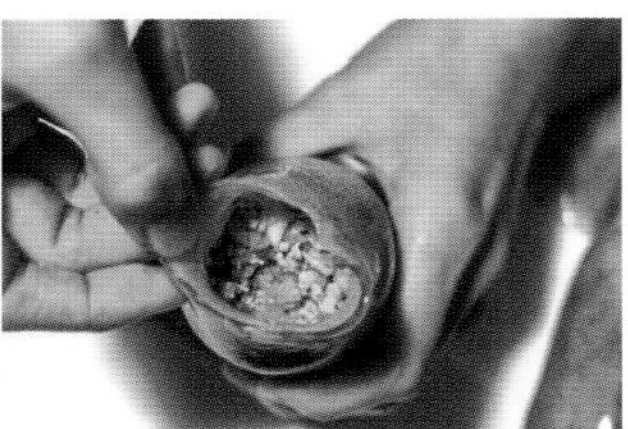

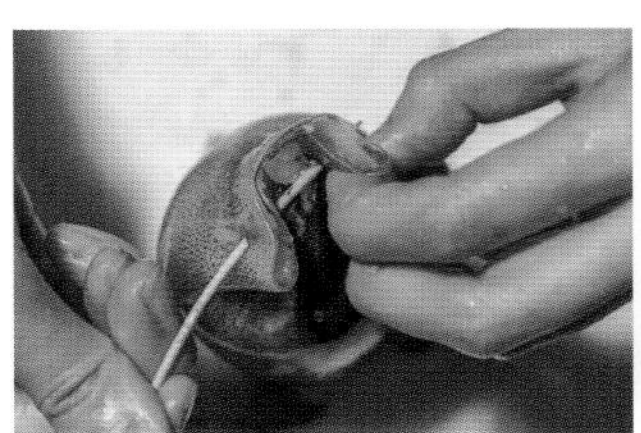

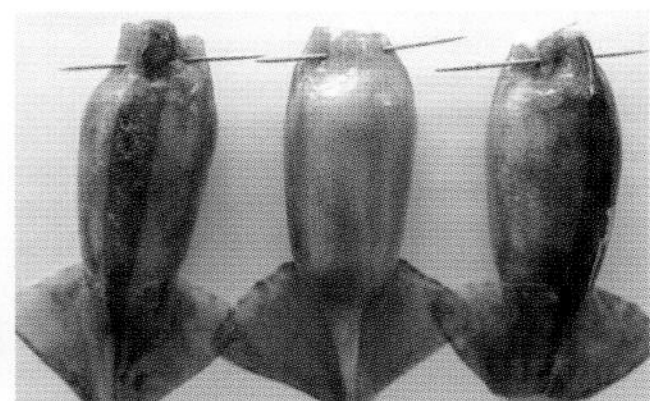

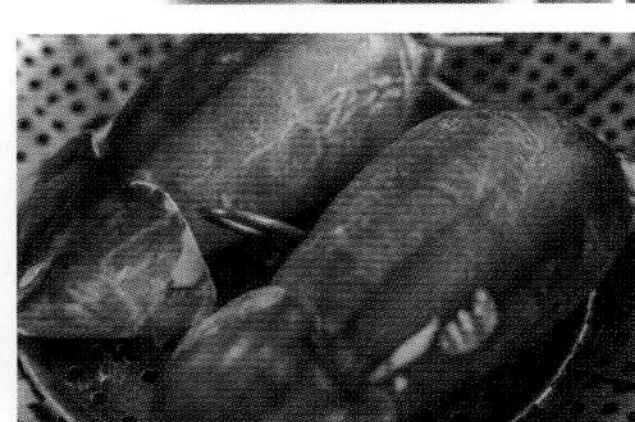

남편 없는 날

김치대패삼겹살 파스타

"오빠는 결혼하고 안 좋은 점이 뭐야?"

"글쎄…, 화장실을 편히 못 가는 거? 너는?"

"난 오빠 없을 때 혼자 밥 먹는 거."

자칭 결혼 전도사지만 결혼하고 안 좋은 점이 하나 있다. 남편이 회식을 하거나 바쁘면 혼자 밥을 먹어야 할 때가 있다는 것이다.

늘 가족과 함께 먹는 것이 익숙해서일까. 밥까지 없는 날이면 더 서글퍼질 것 같아 귀찮지는 않되 대충 먹지 않으려고 한다. 냉동실에 있는 대패 삼겹살을 주섬주섬 꺼내 휘리릭 파스타를 만든다.

재료

- 파스타면 90g
- 신 김치 100g
- 대패 삼겹살 100g
- 올리브유 2~3T
- 마늘 3~4개
- 대파 7~8cm
- 간장 1t
- 면수 약 1국자
- 치즈 가루 약간

만들기

❶ 마늘은 칼등으로 으깨거나 편으로 썰어 두고, 소를 턴 김치와 대파는 잘게 썰어 둔다.
❷ 파스타면은 표시 사항에 맞게 익힌다.(파스타를 삶을 때 물의 양은 충분히! 소금은 짜다 싶을 정도로 넉넉히!)
❸ 팬에 올리브유를 두르고, 마늘, 대파를 넣어 향을 낸다.(매운맛을 원하면 페퍼로치니를 추가해 주세요.)
❹ ❸의 향이 올라오면서 마늘이 익으면 삼겹살을 넣어 볶는다.
❺ 삼겹살이 익으면 김치와 간장을 넣고 볶는다.(김치가 너무 시다면 설탕을 약간 넣어 주세요.)
❻ 삼겹살과 김치가 노릇노릇하게 볶아지면 면과 면수를 넣어 빠르게 볶는다.
❼ 치즈 가루를 살짝 뿌려 마무리한다.

정말 미안해! 내 마음이야

사과 크럼블

남편의 컴퓨터로 작업을 하다가 실수로 자료 하나를 저장하지 않고 닫아 버렸다.
며칠 동안 준비한 자료인 줄 알기에 쭈뼛쭈뼛 이 사실을 전달했다.
"괜… 괜찮아~. 다시 하면 돼."

괜찮은 게 아니란 걸 바로 알아챘다.
다시 자료를 작성하느라 밤을 지새울 남편에게 달달한 사과 크럼블을
가져다주었다.

'미안, 부디 귀엽게 봐주라 …'

재료

- 사과 1개
- 견과류(피칸, 아몬드) 30g
- 버터 1T
- 건 크랜베리 10g
- 시나몬 파우더 1t
- 흑설탕 1T

크럼블

- 설탕 40g
- 땅콩버터 1/2T
- 버터 30g
- 박력분 50g
- 소금 한 꼬집

만들기

❶ 사과를 깨끗이 세척한 후 반으로 자른다.
❷ 1/2 조각된 2개의 사과 속을 살짝 파낸다. 사과 속은 버리지 않는다.
❸ 파낸 사과는 잘게 다지고, 팬에 버터를 두른 후 설탕, 시나몬, 견과류와 함께 약불에서 수분이 날아갈 정도로 볶는다.
❹ 크럼블을 만들기 위해 밀가루, 설탕, 잘게 자른 차가운 버터, 땅콩버터를 넣어 주걱으로 자르듯 고슬고슬하게 혼합한다. (손으로 비빌 때는 손바닥이 서로 닫지 않게 내용물끼리만 비비세요.)
❺ 사과 속에 ❸을 넣고 그 위에 크럼블을 뿌린다.
❻ 180° 예열된 오븐에서 약 15분간 굽는다.

TIP 메이플 시럽을 뿌리고, 아이스크림과 함께 먹으면 더욱 맛있어요!

자꾸만 손이 가는 간식

춘권피 튀김

대학생 시절 다문화 가정 아이에게 피아노를 가르치는 봉사를 한 적이 있다.
어느 날 중국인 어머님께서 춘권 튀김을 해주셨다.
그때 생각이 나 춘권 튀김을 만들어보니 만두보다 만들기 편하고,
그때그때 원하는 소를 넣어 바삭바삭 맛이 있다.

대학생이었던 내가 어느새 한 남자의 아내가 되어 남편의 간식을 챙기고 있으니
시간은 정말이지 빠르고도 소중하다.

김치당면 소 (별다른 재료가 없어도 가능한 소!)

 (춘권피 6~7장 정도 분량)

- 춘권피
- 튀김용 기름(식용유, 카놀라유, 포도씨유, 해바라씨유 등)
- 스위트칠리소스

소 재료

- 다진 신 김치 70g
- 당면 30g
- 다진 대파 약간
- 간장 2t
- 설탕 1/2t
- 참기름 1t
- 깻잎 5장

만들기

❶ 김치는 소를 살짝 털어 잘게 다지고, 당면은 불린 뒤 삶아서 잘게 다진다.
❷ 모든 재료를 혼합한다.
❸ 춘권피를 깔고, 소를 넣어 말아 준다.
❹ 기름을 자작하게 두르고 춘권피를 튀긴다.

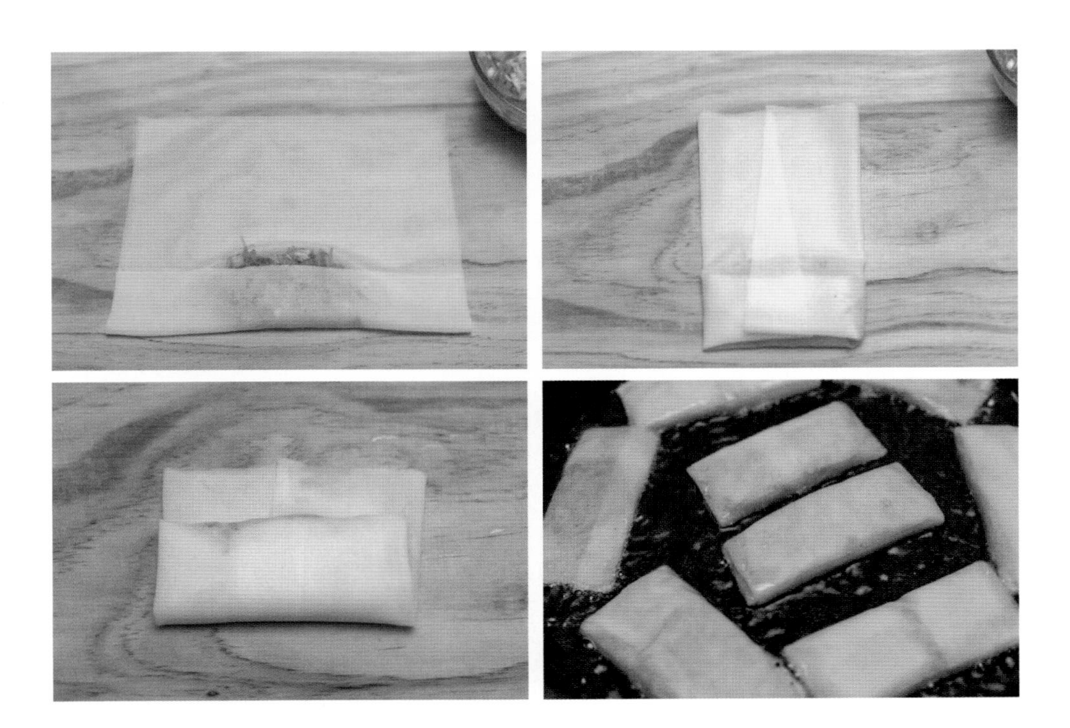

리코타허니 소 (디저트로 좋은 소! 아이스크림과 함께 먹어도 좋아요!)

(춘권피 3~4장 분량)

- 춘권피
- 튀김용 기름(식용유, 카놀라유, 포도씨유, 해바라씨유 등)
- 스위트칠리소스

소 재료

- 리코타치즈 50g
- 견과류(피칸, 피스타치오) 15g
- 꿀 1.5T
- 시나몬 가루 약간(선택)

＊ 견과류는 아몬드 등 다른 것을 활용해도 좋아요!
으깬 바나나를 더해도 맛있어요!

❶ 리코타 치즈, 다진 견과류, 꿀을 잘 섞는다.
❷ 춘권피를 깔고, 소를 넣어 말아 준다.
❸ 기름을 자작하게 두르고 춘권피를 튀긴다.

새우치즈 소 (안주로도 간식으로도 좋아요!)

 (춘권피 6~7장 정도 분량)

- 춘권피
- 튀김용 기름(식용유, 카놀라유, 포도씨유, 해바라씨유 등)
- 스위트칠리소스

소 재료

- 새우 10마리
- 청주 2t
- 영양부추 약간
- 후추 약간
- 치즈 2장(10개 내)

❶ 손질한 새우를 0.5cm 정도 굵기로 다진 후 청주와 후추를 뿌려 두고, 영양부추도 잘게 다진다.
❷ 새우와 부추를 잘 섞은 후 춘권피 위에 치즈를 깔고, 소를 얹는다.
❸ 기름을 자작하게 두르고 춘권피를 튀긴다.

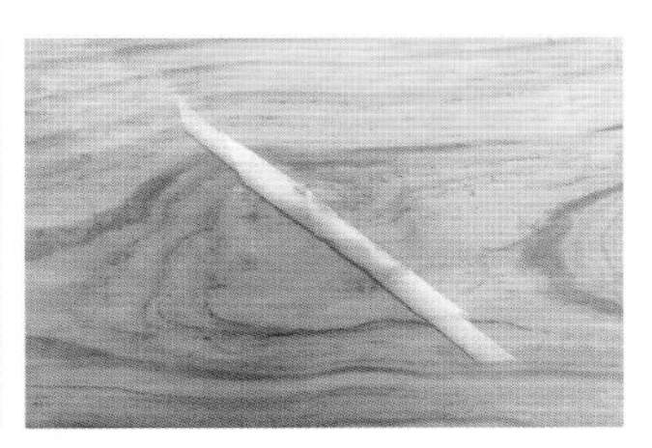

∗ 춘권피는 냉동실에 보관하기 전에 2~3등분으로 소분하여 넣어 두세요!
∗ 만드는 과정 중에 춘권피는 젖은 면보 등으로 덮어 마르지 않게 해 주세요.
∗ 모든 소는 가장 간단하게 구성했으니, 원하는 재료를 풍성하게 더해서 만들어 보세요! (춘권피에 생모차렐라치즈만 넣으면 치즈스틱이 됩니다!)

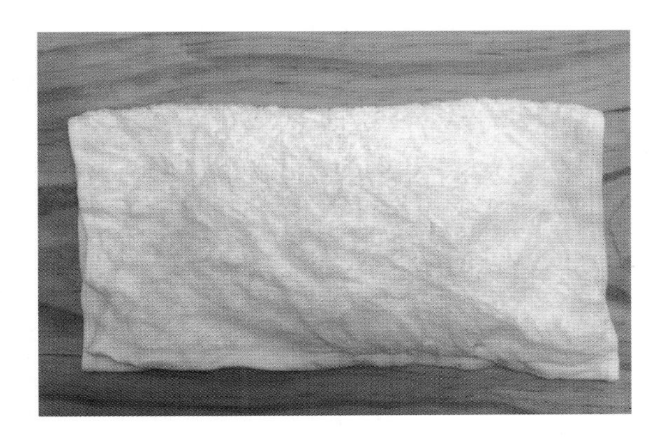

집에서 보내는 성탄절

등갈비 발사믹 구이

성탄절에는 스테이크나 로스트 치킨을 자주 만들었지만 올해 성탄절에는 등갈비가 먹고 싶어 등갈비 구이를 만들기로 했다.
만들기도 간단하고, 집에서 먹으니 씹고 뜯기도 편하다.

올해는 둘 다 바빠서 음식은 간단해졌지만, 마음만큼은 더없이 풍성하니 행복이 여기 있다.

- 등갈비 800g

등갈비 삶기용

- 월계수잎 1장
- 통후추 약 10알
- 마늘 3~4알
- 양파 1/4개
- 대파 흰 부분 1대
- 청주(또는 소주) 3T

양념

- 발사믹 식초 5T
- 케첩 2T
- 간장 3T
- 올리고당 2T
- 우스터소스 2T
- 다진 마늘 2T
- 청주 2T
- 물 200ml

가니쉬 채소(선택)

- 마늘, 양파, 호박, 파프리카 등
- 올리브유
- 소금
- 후추
- 허브류(바질, 오레가노, 타임 등)

만들기

❶ 등갈비는 찬물에 30분 이상 담가 핏물을 제거한다.
(신선한 고기는 굳이 오랫동안 물에 담가 핏물을 제거할 필요가 없어요!)

❷ 핏물을 제거한 등갈비는 등갈비 삶기용 재료들을 넣어 40~50분가량 끓인다.(강불 10분, 이후에는 중불)

TIP 압력솥이 있다면 압력솥에서 15분 정도 익히는 것이 더 좋아요! 추가 흔들리면 중약 불로 줄여서 익히세요.

❸ 삶은 등갈비는 찬물에 씻어서 부산물을 제거한다.

❹ 냄비에 분량의 양념과 등갈비를 넣고, 잘 섞어가며 양념이 자박자박할 때까지 조린다.

TIP **가니쉬 채소**
채소는 큼직큼직하게 썰고, 올리브유, 소금, 후추, 허브 가루(바질, 오레가노, 타임 등)를 잘 섞어 버무려서 오븐에 노릇하게 구워 곁들이세요!

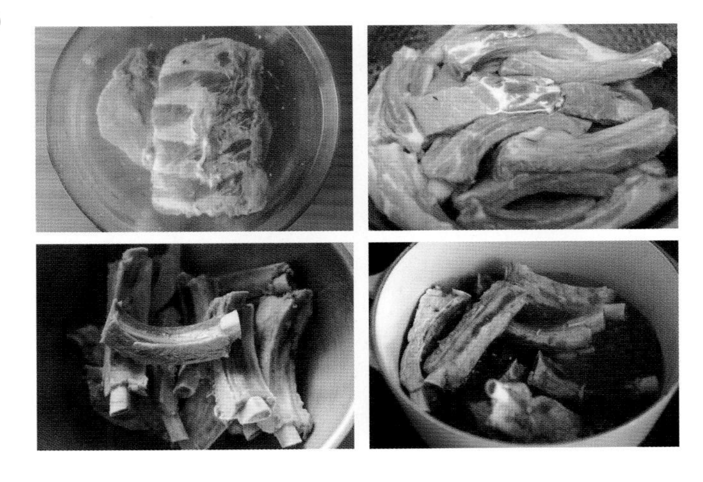

더운 한 여름, 불 켤 필요 없이

캘리포니아 마끼

땀이 많은 남편이라 무더운 여름에는 밖에 나가는 것을 꺼리는 우리.

무더운 날이다.
불을 쓰기 싫은 날, 김밥보다 빠르게 휙휙 말 수 있어서
캘리포니아롤을 마끼처럼 말아서 간편하게 먹는다.

어느새 각자 밥 2공기 분량을 먹고 있는 우리를 발견하게 된다.

- 밥 약 340g
- 김 5~6장

단촛물

- 식초 2T
- 설탕 1T
- 소금 0.5T
(소스가 있기 때문에 간을 세게 하지 않아요.)

속 재료

- 훈제연어 100g
- 아보카도 1/2개
- 오이 1/2개
- 당근 1/3개
- 맛살 60g
- 당근 1/4개
- 무순 약간
- 소금&후추 한 꼬집
- 라임즙 약간

소스

- 스리라차 1/2T
- 마요네즈 3T
- 라임즙 1/2T
- 깨 약간

만들기

❶ 오이와 당근은 채 썰고, 맛살은 잘게 찢어 둔다. 아보카도는 얇게 슬라이스한 뒤 소금과 후추를 뿌리고, 라임즙을 살짝 뿌려 둔다.
❷ 김은 반으로 자른다.
❸ 단촛물은 전자레인지에 돌려 잘 녹인 후 밥이 뜨거울 때 김을 날려가며 고슬고슬하게 섞는다.(주걱을 세워서 밥이 뭉개지지 않게 섞어 주세요!)
❹ 김 반장을 펴고, 밥과 재료들을 넣고 마끼처럼 말아 준다.
❺ 분량의 소스를 잘 섞어 뿌리거나 사이드에 곁들인다.

TIP 재료를 깔아 두고, 바로바로 직접 싸먹어도 좋아요!

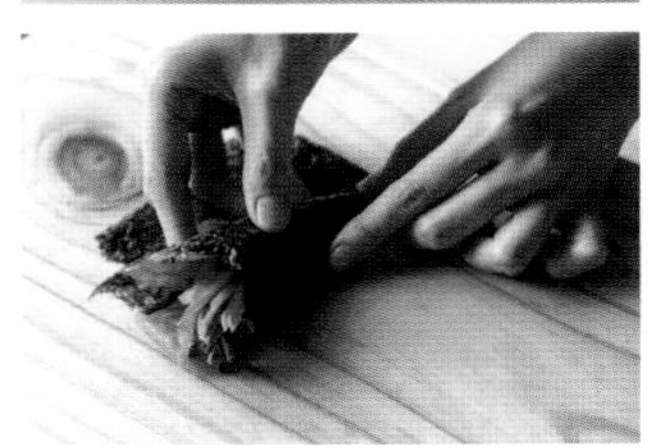

며늘 아가의 시댁 맞춤 건강 요리

오리 불고기

평소 건강을 위해 고기를 많이 드시지 않는
시부모님이 고기를 드실 때면
대부분 오리고기를 드신다. 오리고기는 소고기,
돼지고기보다 불포화 지방산이 풍부하다.
바쁜 우리를 위해 맛있는 음식을 해주시는 어머님, 아버님께
이번에는 내가 대접해드려야겠다.

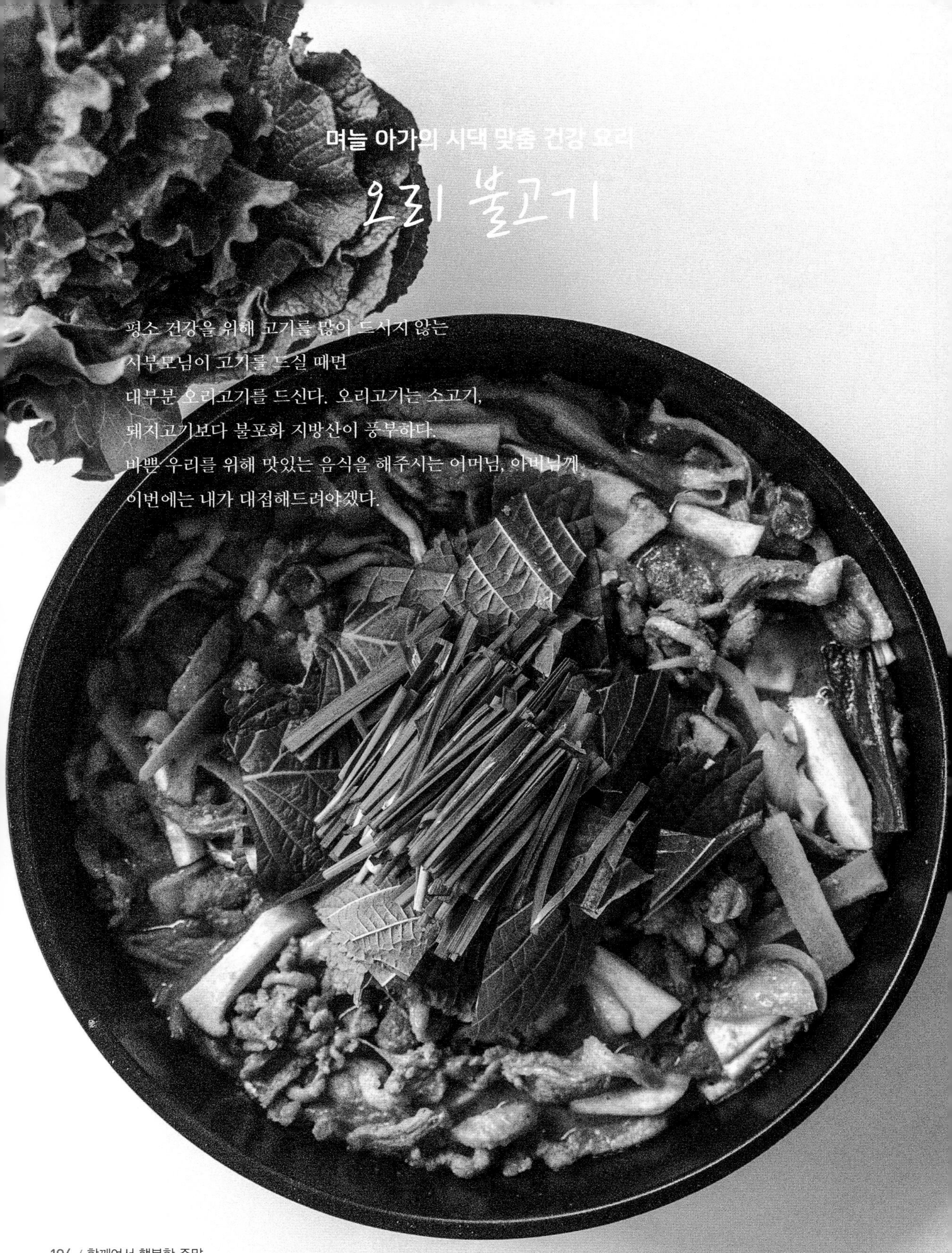

재료

- 오리고기 500g
- 다진 생강 1.5t
- 양파 1/4개
- 무 30g
- 청주 1T
- 후춧가루 약간

양념

- 간장 4.5T
- 들기름 1T
- 들깨가루 1T
- 올리고당 1.5T
- 매실청 1T
- 다진 마늘 2T

채소

- 양파 1/2개
- 당근 1/4개
- 부추 70g
- 새송이버섯 2개
- 깻잎 5~6장
- 청양고추 약간(선택)

만들기

❶ 생강, 양파, 무, 다진 생강, 청주를 믹서기에 곱게 갈고, 오리고리와 함께 냉장고에 넣어 15분 이상 재운다.

❷ 양파는 채 썰고, 당근은 어슷하고 두껍지 않게 썰어 둔다. 부추는 4~5cm로 썰고, 새송이는 길게 잘라 둔다.

❸ 분량의 양념은 잘 섞은 후 재워둔 오리고기와 함께 버무린다.

❹ 팬에 기름을 살짝 두르고, ❸을 넣어 2분 정도 먼저 볶다가 부추와 깻잎을 제외한 채소들을 넣어 함께 볶는다.

❺ 모든 재료가 다 익으면 부추와 깻잎을 넣고 바로 불을 끈다.

다이어트 쉬었다 가기

찍어먹는 백순대 골뱅이와 빨간 어묵

남편의 폭풍 같은 다이어트로 5kg을 감량하여 기념 분식 파티를 연다.
중간에 먹고 싶은 음식을 먹어야 또 열심히 달릴 수 있으니,
내가 해줄 수 있는 건 이것뿐.

백순대 골뱅이

재료

- 순대 500g
- 골뱅이 140g
- 양배추 100g
- 양파 1/2개
- 당근 1/4개
- 깻잎 7~8장
- 대파 약간
- 들기름 1T
- 포도씨유 2T(또는 식용유)
- 간장 1T
- 들깨가루 3T
- 맛술 1T
- 소금&후추 한 꼬집
- 깨 약간

찍어 먹는 소스

- 고추장 1.5T
- 식초 1T
- 들깨가루 1T
- 올리고당 1T
- 참기름 1t
- 다진 마늘 1t

만들기

❶ 순대는 제품 설명에 따라 익히되 2분가량 덜 익혀 먹기 좋은 크기로 썰어 둔다.

❷ 대파는 어슷 썰고, 당근, 양파, 양배추는 먹기 좋은 크기로 썬다.(당근은 너무 두껍게 썰지 않아요!)

❸ 들기름과 포도씨유를 두르고, 대파, 당근, 양파, 양배추를 소금과 후추 한 꼬집을 넣어 센 불에서 볶는다.

❹ 양파가 거의 익었을 때 순대와 골뱅이를 넣고 들깨가루, 간장, 맛술과 함께 잘 볶는다. 불을 끄고 깻잎과 깨를 뿌려 한 두 번 섞어 마무리한다.

❺ 분량의 찍어 먹는 소스 재료를 잘 섞어 순대를 찍어 먹는다.

빨간 어묵

- 어묵 5~6장
- 멸치 다시마 육수 600ml
- 꼬치 5~6개

양념

- 고추장 0.5T
- 진간장 1T
- 다진 마늘 0.5T
- 고춧가루 2T
- 올리고당 1T
- 설탕 1/2T

선택 재료

- 무 100g
- 삶은 계란

만들기

❶ 어묵을 꼬치에 꿴다.
❷ 끓고 있는 육수에 양념을 풀어 5분간 끓인다.(무를 넣는다면 얇게 썰어 양념과 함께 넣는다.)
❸ ❷에 어묵꼬치를 넣어 10분간 끓인다.

계란말이 김밥

• 김 4장(2줄 분량)
• 밥 두 주걱(약 1.5인분)

계란말이

• 계란 4개
• 당근 1/4개
• 쪽파 2~3줄
• 양파 1/4개
• 소금 두 꼬집
• 맛술 1T
• 참기름 1t
(이 외에 다른 채소, 햄을 넣어도 좋아요!)

만들기

❶ 계란을 잘 풀어준 후 체에 한 번 거른다.
❷ 당근, 양파, 쪽파를 잘게 다지고, 계란 물에 잘 섞어 소금, 후추, 맛술을 모두 넣고 풀어 준다.
❸ 약불에서 동그랗게 계란말이를 부친다.(모양이 잘 잡히지 않으면 부친 후에 김발에 말아 두세요.)
❹ 계란말이가 한 김 식으면 계란말이를 김으로 말아 둔다.

김밥말기

❶ 밥에 소금 두 꼬집과 참기름 2t를 넣고 주걱으로 잘 섞는다.(밥의 간이 딱 맞아야 맛있는 김밥이 됩니다.)
❷ 김을 깔고 밥을 얇게 편 후, 김에 한 번 말아둔 계란말이를 넣고 말아 준다.

만들어 두면 마음이 든든한

함박스테이크

'오늘은 뭘 먹지, 뭘 차리지'하고 고민하는 주부로서의 나.
일을 할 때나 안 할 때나 주부라면 멈추지 않는 고민이다.
그때 냉동실에 만들어둔 함박스테이크가 있다면 그날 고민은 끝이다.
함박스테이크를 만들어 두면 그 날은 물론, 이렇게 반찬이 없는 날에 딱이다.
게다가 남편은 금세 함박 미소를 장전한다.

- 다진 쇠고기 200g
- 다진 돼지고기 150g
- 차돌박이 100g
- 빵가루 3T
- 달걀 노른자 1개
- 다진 마늘 1T
- 맛술 1T
- 양파 1/4개
- 새송이버섯 1개
- 생크림(또는 휘핑크림) 2T
- 소금&후추 3꼬집, 우스터소스 1T
- 굴소스 1T

소스

- 양파 1/2개
(또는 양송이버섯 4개)
- 버터 1T
- 우스터소스 1T
- 케첩 2T
- 간장 1T
- 올리고당 1T
- 설탕 1t
- 물 50ml

만들기

❶ 차돌박이, 새송이버섯, 양파는 칼로 잘게 다지고, 나머지 모든 재료를 넣어 치댄다.

❷ 중앙을 손으로 살짝 눌러 패이게 하여 동그랗게 빚는다.
(구울 때 중앙이 부풀기 때문에 중앙을 살짝 눌러 빚어 주세요!)

❸ 기름을 두르고 함박스테이크를 팬에서 굽는다.
(속까지 익히기 어려운 분들은 겉면만 노릇하게 익힌 후 물을 약간 넣고 뚜껑을 닫아 수증기로 익혀 주세요!)

❹ 잘 익은 함박스테이크를 꺼내고, 그 팬에 버터 1T를 두르고, 채 썬 양파를 볶는다.

❺ 양파가 반 이상 익으면 나머지 소스 재료를 넣고 약불에서 1~2분간 끓인다.

❻ 취향에 따라 치즈나 계란 후라이를 토핑으로 얹고, 익힌 채소들을 곁들인다.

입 짧은 친정엄마를 위한 맞춤 메뉴

돌돌 탕수육

엄마가 편찮으셔서 친정에 간다. 가리는 음식이 많고 입이 짧은 엄마.
엄마가 평소에 좋아하시는 김치, 튀김, 달콤한 맛을 한 번에 담을 수 있는 메뉴를 준비한다.
예전에 이런 음식을 먹고 좋아하셨던 기억이 난다.
맛있는 음식을 먹으면 힘이 나는 나처럼 엄마도 부디 힘내시길.

재료 (탕수육 16~18개)

- 돼지고기 등심 150g
  (1mm로 얇게 슬라이스 한 것)
- 묵은지 150g
- 대파 30g
- 알새우 16~20개

소스

- 물 150ml
- 간장 2T
- 식초 2T
- 올리고당 1T
- 설탕 3T
- 레몬즙 1/2T
- 양파 1/4개
- 노란 파프리카 1/4개
- 빨간 파프리카 1/4개
- 전분물 1~1.5T

만들기

❶ 잘 씻은 묵은지와 대파는 잘게 다져 혼합해 둔다. 새우가 큰 경우에는 굵직하게 다진다.(작은 알새우는 그대로 넣는다.)
❷ 펼친 돼지고기 등심 위에 후춧가루를 살짝 뿌리고, 그 위에 대파와 묵은지 소를 얹고, 새우를 얹는다.
❸ 등심을 말아 준다. 말린 등심은 키친타월 위에서 물기를 살짝 제거한다.
❹ 겉면에 전분 가루를 묻힌 후 180°에서 튀긴다.

소스 만들기

❶ 양파와 파프리카는 한 입 크기로 자른다.
❷ 팬에 분량의 물, 간장, 식초, 올리고당, 설탕, 레몬즙(레몬 1/2개)을 넣고 끓인다.
❸ 소스가 끓어오르면 양파, 파프리카를 넣고 끓인다.
❹ 채소가 익으면 전분물을 넣어 농도를 맞추고 불을 끈다.
❺ 탕수육 위에 소스를 붓거나 찍어서 먹는다.

봄이 왔어요. 나를 위한

시트러스 관자 샐러드

하루에도 "날씨 참 좋다~"는 말을 수없이 되풀이 하는 봄이 왔다.
매번 남편을 위한 메뉴를 준비했지만, 오늘은 나를 위한 예쁜 샐러드를 준비한다.
좋아하는 샐러드를 예쁘게 세팅해서 먹기만 했는데 한껏 들뜨는 기분!

- 관자 3개
- 어린잎 믹스 40g
- 시트러스류 과일 1개분
  (자몽 1/2개, 천혜향 1개 또는 오렌지 1/2개)
- 버터 1T
- 식용유 1T
- 소금&후추 약간씩

드레싱

- 라임즙 2T
- 오렌지즙 2T
  (또는 천혜향즙)
- 꿀 1/2T
- 올리브오일 2T
- 다진 양파 1T
- 소금 두 꼬집
- 다진 마늘 1t

* 과일 제스트와 치즈는 취향껏 뿌려 주세요!

만들기

❶ 어린잎은 잘 씻어 물기를 제거하고, 양파는 잘게 다진다.

❷ 시트러스류의 과일은 껍질을 제거하고, 원하는 크기로 자른다.

❸ 관자살은 날개와 내장 부위를 살살 떼어서 분리하고, 관자를 둘러싸고 있는 얇은 막을 제거한다.

* 내장은 버리고, 날개살과 꼭지살(흰색 동그란 부분)은 찌개에 넣어 사용하세요!

❹ 원하는 두께로 관자를 자르고, 소금과 후추, 올리브유를 살짝 뿌려 10분간 둔다.

❺ 분량의 드레싱은 잘 혼합해 둔다.

❻ 접시에 어린잎을 먼저 깔고, 시트러스 과일의 색감을 고려하여 플레이팅한다.

❼ 관자는 버터와 식용유를 두르고 오일을 끼얹으며 익힌다. (오래 익히면 질겨져요!)

❽ 어린잎과 과일이 담긴 접시에 익힌 관자를 올리고, 드레싱을 뿌린다.

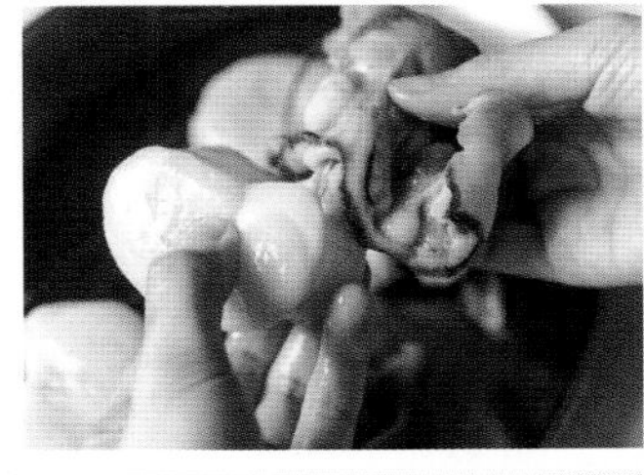
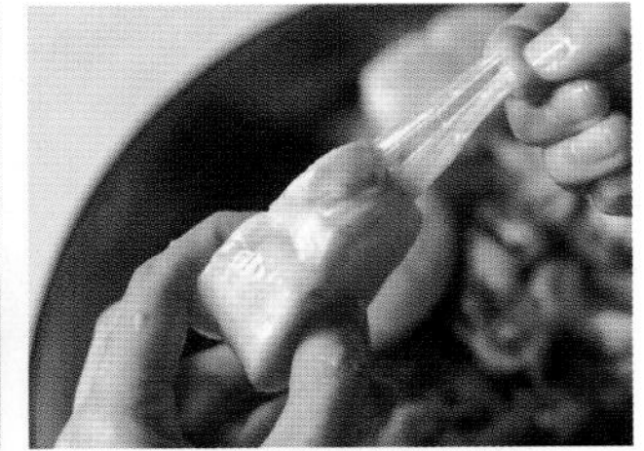

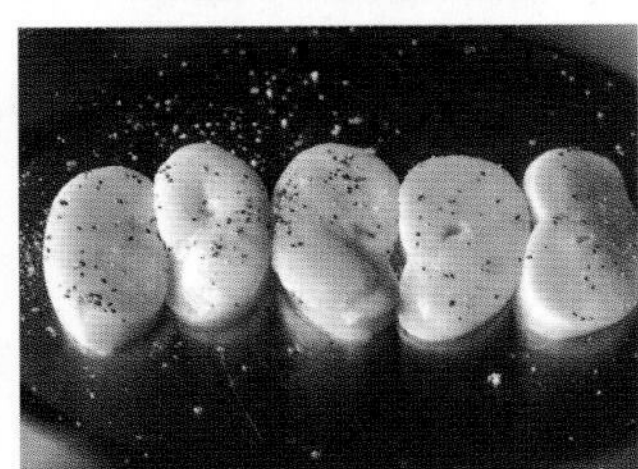

남편이 만들고 싶어 하는

깐쇼새우

피아노 한 곡쯤은 외워서 치고 싶고, 금관악기 하나쯤은 불고 싶고,
영어 외에 외국어 하나쯤은 유창하게 하고 싶고, 재료별로 음식 한 가지쯤은 하고 싶고….
소박(?)하게 하고 싶은 것들이 많은 남편.

돼지고기, 소고기, 닭고기, 새우요리, 계란요리를 재료별로 하나씩 하고 싶단다.
일단, 새우는 그리 어렵지 않고 초대 메뉴로도 좋으니 깐쇼새우가 좋겠다.

준비됐지?

- 전분 120g
- 물 5T
- 계란 1개분 흰자
- 식용유 2T
- 새우 약 18~20마리
- 소금&후추 한 꼬집씩
- 청주 2T

새우 튀기기

❶ 손질한 새우는 소금, 후추, 청주를 넣어 15분 정도 밑간해 놓는다.

❷ 전분, 물, 계란을 잘 풀고, 잠시 두었다가 사용하기 직전에 식용유 2T를 더하여 잘 젓는다.

❸ 새우는 물기를 제거하여 만들어 놓은 반죽에 묻혀 준다.

❹ 새우를 180° 정도 온도에서 튀긴 후, 아래위가 뚫린 기름망에서 눅눅해지지 않도록 한 김 식힌 후 한 번 더 튀긴다. (두 번 튀기면 더 바삭해요! 튀길 때 몸통부터 튀긴 후에 기름에 넣으면 튀김이 팬 밑에 달라붙지 않아요.)

소스 만들기

- 고추기름 3T
- 다진 대파 2T
- 다진 마늘 1T
- 두반장 1T
- 파프리카 1/4개
- 피망 1/4개
- 양파 1/4개
- 토마토케첩 4T
- 식초 2T
- 올리고당 2T
- 설탕 2T
- 굴소스 1T
- 생강가루 약간(선택)
- 물 100ml
- 전분물 약간
  (물 1T+전분 1/2T)

만들기

❶ 팬에 고추기름을 두르고, 다진 대파와 다진 마늘을 넣고 볶아 향을 낸다.
❷ 양파, 파프리카, 피망과 두반장을 넣어 함께 볶는다.
(채소는 취향껏 잘게 다지거나 새우 크기와 비슷하게 자른다.)
❸ 양파가 투명해지면 케첩, 식초, 올리고당, 설탕, 굴소스, 물을 넣고 끓인다.
❹ 전분물로 농도를 맞추고 마무리한다.
❺ 튀겨놓은 새우를 넣고 빠르게 버무린다.(오래 조리하지 않고, 양념이 잘 묻게만 해주세요!)

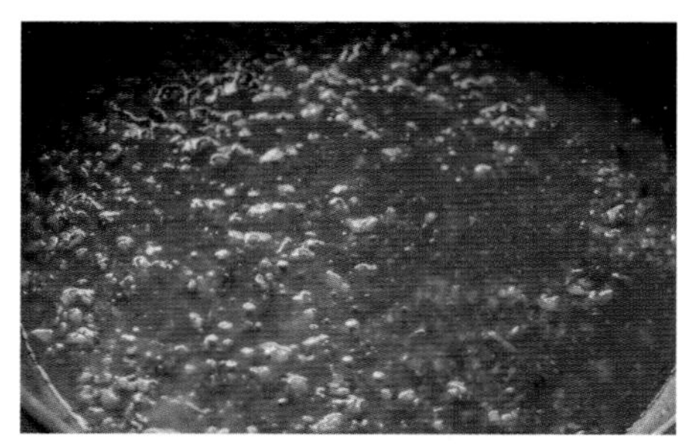

전자레인지로 고추기름 만들기

- 기름 6T(식용유, 콩기름 등)
- 고춧가루 2T
- 다진 마늘 1T
- 대파 약간

❶ 전자레인지에 들어갈 수 있는 볼에 모든 재료를 넣고 랩을 씌운다.
❷ 씌운 랩에 젓가락 등을 이용하여 구멍을 4~5군데 이상 뚫는다.
❸ 전자레인지로 1분을 돌린 후 랩을 열어 김을 한 번 날리며 섞는다.
❹ 다시 전자레인지로 30초를 돌린 후 김을 한 번 날리고, 마지막으로 30초를 돌린다.
❺ 거름망에 걸러 사용한다.

오래도록 같이…

홈 카페 신메뉴 추가요!

밤 스프레드

"어떤 메뉴로 하시겠어요?"
"마론 라떼요."

카페 설정 놀이를 하고, 오늘은 마론 라떼로 결정했다.
어쩌다 밤이 생겨 쪄두면 먹기가 귀찮아 잘 먹지 않게 된다.
그래서 율란을 만들거나 밤 스프레드를 만들게 된다.
오늘은 스프레드!

재미있는 영화 한 편을 틀어 놓고
함께 앉아 밤을 파내는 수고를 하고 나면, 빵을 먹을 때는 물론
언제든지 마론 라떼도 만들 수 있다.

- 깐 밤 600g
  (밤 1kg를 속을 파면 약 600g 내외가 나와요!)
- 물 300ml
- 아몬드 우유 200ml(언스위트)
- 비정제 원당 300g(또는 설탕)
- 꿀 또는 메이플 시럽 3T
- 버터 0.5T
- 시나몬 가루 약간(선택)

＊ 비정제 원당은 사탕수수의 당밀을 화학적으로 정제하지 않아 영양소가 있고 설탕보다 입자가 굵어요!
＊ 당도는 취향껏 조절해 주세요!

만들기

❶ 밤은 찜기에 물을 부은 후 25~30분 정도 푹 익힌다.
❷ 잘 익은 밤을 찬물에 한 번 헹군 후 반을 갈라 숟가락을 이용하여 속을 파낸다.
❸ 속을 파낸 밤에 물과 아몬드 우유를 넣고 믹서기로 부드럽게 갈아 준다.
❹ 냄비에 ❸과 설탕, 꿀(또는 메이플 시럽)을 넣고 바닥에 눌어붙지 않도록 잘 저으며 끓인다.
❺ 수분이 날아가면서 농도가 되직해지면 버터를 넣고 마무리한다.(시나몬의 맛을 좋아한다면 버터와 함께 추가합니다.)

＊ 부드럽게 발리는 스프레드를 원한다면 아주 부드럽게 갈고, 약간의 씹는 맛을 원하면 조금 덜 갈면 됩니다!
＊ 농도가 되직해지면 보글보글 끓어 튀어오를 수 있으니 조심하세요!

TIP 간단하게 마론 라떼 만들기!

컵에 마론 스프레드 1~2스푼을 넣고, 에스프레소를 부은 후 우유를 넣어 주세요!

소일거리 마니아 새댁

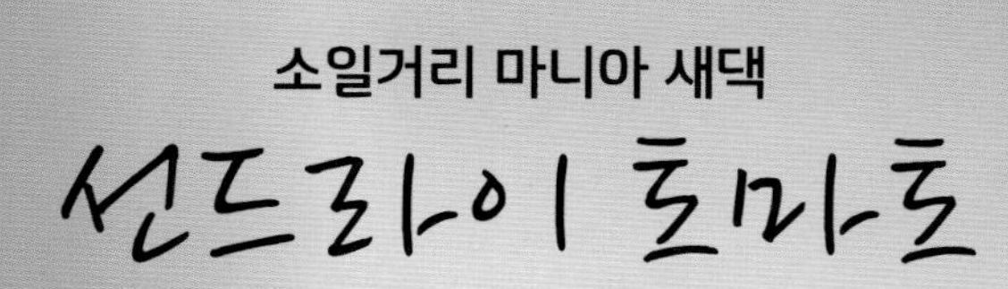

깨끗한 공기에 햇빛이 쨍쨍한 날이라면 돗자리를 펴고
몇 날 며칠 토마토를 말릴 수 있겠지.
지금은 그럴 수 없는 세상이니 건조기와 오븐을 동원할 뿐.

토마토 맛이 진하게 올라온 드라이 토마토를 맛보면
또다시 소일거리를 벌인다.
소일거리 마니아답게!

* 샐러드, 샌드위치, 파스타에 활용하면 맛은 물론 풍미 up! 그냥 빵과 함께 드셔도 좋아요!

- 말린 토마토 160g
- 엑스트라 버진 올리브유 450ml
- 마늘 25g
- 허브 약간
  (로즈마리, 바질, 월계수 잎 등 원하는 것)
- 통후추(선택)
- 페페론치노(선택)

＊ 파우더 형태의 허브를 사용하셔도 됩니다.

만들기

❶ 선드라이 토마토를 담을 병을 열탕 소독한다.
  ＊ 열탕 소독을 할 때 끓는 물에 병을 거꾸로 담그지 말고, 물을 끓이는 처음부터 담가 주세요! 말릴 때는 입구가 위로 가도록 하여 자연 건조해 주세요.

❷ 마늘은 편으로 썰어 둔다.

❸ 병에 모든 재료를 차곡차곡 담고, 재료가 잠길 만큼 올리브유를 붓는다.

❹ 4~5일 정도 서늘한 곳이나 실온에서 숙성시킨 후 먹는다.

＊ **토마토 말리기!**

토마토를 반으로 잘라 소금을 살짝 뿌린 후, 식품 건조기를 활용해서 70°에서 6~7시간 정도를 말리거나, 오븐에서 110°로 150~180분 정도 구워 주세요!
(기기 사양에 따라 다를 수 있으니 꾸덕꾸덕해질 때까지 말려 주세요. 토마토 씨앗을 제거하면 조금 더 빨리 말릴 수 있지만 맛이 감소됩니다!)

우리 남편 곁에는

간장 양파 절임

고기, 부침개 등 언제든지 함께 내면 좋은 양파 절임.
콜레스테롤과 혈관에 도움을 주는 양파는 남편의 필수 메뉴!
만들기 쉽고 양파를 편하게 먹을 수 있어서 양파 서너 개 정도는 늘 담가 둔다.

재료

- 양파 3~4개
- 고추 8개
- 간장 300ml
- 다시마 육수 350ml
- 식초 150ml
- 비정제천연당 설탕 150ml
- 매실액 50ml

* 다시마 육수는 14p를 참고하세요!

만들기

❶ 유리병은 열탕 소독을 하고, 양파는 먹기 좋게 썰어 둔다. 고추는 이쑤시개를 이용하여 구멍을 낸다.
❷ 다시마 육수에 간장, 식초, 설탕, 매실액을 냄비에 넣고 끓인다. 바르르 끓어오르면 불을 끈다.
❸ 병에 양파와 고추를 담고, 뜨거운 상태의 간장 육수를 재료가 잠길 정도로 붓는다.
❹ 한 김 식으면 뚜껑을 닫고 하루 이틀 후에 먹는다.

TIP 고깃집에서 바로 만들어 먹는 간장 양파!

재료

- 간장 2T
- 식초 2T
- 설탕 1T
- 매실액 1T
- 레몬즙 1T
- 맛술 1T
- 물 1~2T

만들기

❶ 양파를 아주 얇게 슬라이스한다.(채칼을 활용하세요!)
❷ 분량의 소스를 잘 섞는다.
❸ 개인 접시에 슬라이스한 양파를 담고, 만들어둔 소스를 붓는다.

알록달록 쟁여놓는 새댁 필수 메뉴

피클 3종

냉장고를 열었을 때 여러 가지 피클이 예쁘게 일렬로 세워져 있으면 기분이 좋다.
오늘은 어떤 피클을 만들까.
비트, 적양배추, 적양파로 색깔을 우려내 피클을 만들기도 하고,
유자청을 넣어 상큼한 향을 더하기도 한다.
가끔은 간장이나 오일을 활용해서 만들 때도 있다.

피클은 오래 저장할 수 있지만 한꺼번에 많이 담지 않고,
조금씩 다양하게 자주 만드는 것이 내 스타일!

여러 번 만들다 보면 내가 가장 좋아하는 재료, 산도, 당도 등을 알 수 있다.
많이 만든 날에는 주변에 나누며 소소한 기쁨을 누린다.

* 미니 파프리카, 방울 양배추(브뤼셀 스프라우트) 등 베이비채소들을 이용하면
모양이 예뻐 선물용으로 만들 때 추천해요!

아스파라거스 그린빈 피클

재료

채소

- 아스파라거스
- 그린빈
- 레몬 조각 약간(선택)

피클 물 비율

- 물&설탕&식초&화이트 와인 비네거 (2:1:0.5:0.5)
- 소금
- 피클링스파이스
- 통후추 약간(선택)

* 아스파라거스 10~12개에 물 200ml 기준, 소금 1.5t, 피클링스파이스 1t

만들기

❶ 아스파라거스는 밑동을 1~2cm 정도 자르고, 두꺼운 부분만 필러를 이용하여 섬유질을 얇게 벗긴다.

❷ 잘 소독된 병에 아스파라거스, 그린빈, 레몬을 넣는다. (아스파라거스와 그린빈은 반반씩 섞어서 넣어 주세요!)

❸ 물, 식초, 설탕, 화이트 와인 비네거, 소금, 피클링 스파이스, 통후추를 넣고, 모든 재료가 잘 섞이도록 저으며 한소끔 끓인다.

❹ 끓어오르면 불을 끄고, 뜨거운 상태로 병에 붓는다. 한 김이 날아가면 뚜껑을 닫고 하루 이틀 숙성시킨다.

버섯 토마토 피클

채소

- 양송이 버섯
- 선드라이 토마토
- 마늘(선택)

피클 물 비율

- 올리브오일&화이트 와인 비네거 (1:1)

파우더류 비율

- 오레가노가루&후추&소금& 설탕 (1:1:1:1)
- 타임 등 추가 허브 약간 (선택)

만들기

❶ 양송이버섯은 4등분으로 자르고, 마늘은 편으로 자른다.
❷ 오일, 비네거, 파우더류 재료들을 잘 섞는다.
❸ 병에 버섯, 선드라이 토마토, 마늘을 넣고 피클 물을 붓는다.
❹ 상온에서 하루 이틀 숙성시킨다.

* 샐러드를 먹을 때 드레싱처럼 채소와 피클 물을 함께 뿌려서 드셔도 돼요!

* 양송이버섯 6개에 올리브오일과 화이트 와인 비네거 각각 약 125ml

청포도 피클

과일

- 청포도
- 레몬 조각 약간
- 딜 약간(선택)

피클 물 비율

- 식초&물&설탕
  (1:1:0.5)
- 소금
- 피클링스파이스 약간

＊ 소금(식초 150ml당 약 1t)

만들기

❶ 병은 열탕 소독하고, 과일은 깨끗이 세척하여 소독된 병에 담는다.

❷ 피클 물은 잘 저어서 끓이고, 한소끔 끓어오르면 불을 끈다.

❸ 피클 물이 뜨거운 상태에서 과일이 잠길 정도로 붓는다.

❹ 한 김 날아간 후 하루 이틀 숙성시킨다.

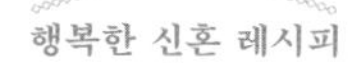

2019년 3월 1일 인쇄
2019년 3월 10일 발행

편 저 자 셔니식탁
발 행 인 이미래

발 행 처 씨마스
등록번호 제 301-2011-214호
주 소 서울특별시 중구 서애로 23 통일빌딩 4층
전 화 (02)2274-1590
팩 스 (02)2278-6702
홈페이지 www.cmass.co.kr
E-mail licence@cmass.co.kr
기 획 정춘교
진행관리 정춘교
편 집 김경원
마 케 팅 김진주

디 자 인 표지_이기복 내지_김영수

ISBN | 979-11-5672-316-5(13590)

정가 14,500원